主编 李天纲

中国国家图书馆藏

民国西学要籍汉译文献·经济学（第四辑）

农业哲学

克莫斯基（Richard Krzymowski）著

曹贯一 译

上海社会科学院出版社
Shanghai Academy of Social Sciences Press

图书在版编目(CIP)数据

农业哲学/（俄罗斯）克莫斯基著；曹贯一译．—上海：上海社会科学院出版社，2016
（民国西学要籍汉译文献/李天纲主编．经济学）
ISBN 978-7-5520-1186-9

Ⅰ．①农… Ⅱ．①克…②曹… Ⅲ．①农业科学－科学哲学 Ⅳ．①S-02

中国版本图书馆CIP数据核字(2016)第049419号

农业哲学

主　　编：李天纲
编　　纂：赵　炬
责任编辑：唐云松
特约编辑：陈宁宁
封面设计：清　风
策　　划：赵　炬
执　　行：取映文化
加工整理：嘎　拉　江　岩　牵　牛　莉　娜
责任校对：笑　然
出版发行：上海社会科学院出版社
上海淮海中路622弄7号　电话63875741　邮编200020
http://www.sassp.org.cn　E-mail:sassp@sass.org.cn
排　　版：上海永正彩色分色制版有限公司
印　　刷：常熟市人民印刷厂
开　　本：650×900毫米　1/16开
字　　数：210千字
印　　张：19.5
版　　次：2016年4月第1版　2016年4月第1次印刷

ISBN 978-7-5520-1186-9/F.408　　定价：90.00元（精装）

民国西学：中国的百年翻译运动

——『民国西学要籍汉译文献』序

李天纲

继唐代翻译印度佛经之后，二十世纪是中文翻译历史上的第二个高潮时期。来自欧美的『西学』，以巨大的规模涌入中国，参与改变了一个民族的思维方式，这在人类文明史上也是罕见的。域外知识大规模地输入本土，与当地文化交换信息，激发思想，乃至产生新的理论，全球范围也仅仅发生过有数的那么几次。除了唐代中原人用汉语翻译印度思想之外，公元九、十世纪阿拉伯人翻译希腊文化，有一场著名的『百年翻译运动』之外，还有欧洲十四、十五世纪从阿拉伯、希腊、希伯来等『东方』民族的典籍中翻译古代文献，汇入欧洲文化，史称『文艺复兴』。中国知识分子在二十世纪大量翻译欧美『西学』，可以和以上的几次翻译运动相比拟，称之为『中国的百年翻译运动』、『中国的文艺复兴』并不过分。

运动似乎是突如其来，其实早有前奏。梁启超（1873–1929）在《清代学术概论》中说：『自明末徐光启、李之藻等广译算学、天文、水利诸书，为欧籍入中国之始。』利玛窦（Mateo Ricci, 1552–1610）、徐光启、李之藻等人发动的明末清初天主教翻译运动，比清末的『西学』早了二百多年。梁启超有所不知的是：利、徐、李等人不但翻译了天文、历算等『科学』著作，还翻译了诸如亚里士多德《论灵魂》（《灵言蠡勺》）、《形而上学》（《名理探》）等神学、哲学著作。梁启超称明末翻译为『西学东渐』之始是对的，但他说其『范围亦限于天（文）、（历）算』，则误导了他的学生们一百年，直到今天。

从明末到清末的『西学』翻译只是开始，而且断断续续，并不连贯成为一场『运动』。各种原因导致了『西学』的挫折：被明清易代的战火打断；受清初『中国礼仪之争』的影响；欧洲在1773年禁止了耶稣会士的传教活动，以及儒家保守主义思潮在清代的兴起。鸦片战争以后很久，再次翻译『西学』，仍然只在上海和江南地区。从翻译规模来看，以上海为中心的翻译人才、出版机构和发行组织都比明末强大了，影响力却仍然有限。梁启超说：『惟（上海江南）制造局中尚译有科学书二三十种，李善兰、华蘅芳、赵仲涵等任笔受。其人皆学有根底，对于所译之书责任心与兴味皆极浓重，故其成绩略可比明之徐、李。』梁启超对清末翻译的规模估计还是不足，但说『戊戌变法』之前的『西学』翻译只在上海、香港、澳门等地零散从事，影响范围并不及丁内地，则是事实。

对明末和清末的『西学』做了简短的回顾之后，我们可以有把握地说：二十世纪的中文翻译，或曰中华民国时期的『西学』，才是称得上有规模的『翻译运动』。也正是在二十世纪的一百年中，数以千计的『汉译名著』成为中国知识分子的必读教材。1905年，清朝废除了科举制，新式高等教育以新建『大学堂』的方式举行，而不是原来尝试的利用『书院』系统改造而成。新建的大学、中学，数理化、文史哲、政经法等等学科，都采用了翻译作品，甚至还有西文原版教材，于是，中国读书人的思想中又多了一种新的标杆，即在『四书五经』之外，还必须要参考一下来自欧美的『西方经典』，甚至到了『言必称希腊、罗马』的程度。

我们在这里说『民国西学』，它的规模超过明末、清末；它的影响遍及沿海、内地；它借助二十世纪的新式教育制度，渗透到中国人的知识体系、价值观念和行为方式中，这些结论虽然都还需要论证，但从一般直觉来看，是可以成立的。中国二十世纪的启蒙运动，以及『现代化』、『世俗化』、『理性化』，都与『民国西学』的翻译介绍直接有关。然而，『民国西学』到底是一个多大的规模？它是一个怎样的体系？它们是以什么方式影响了二十世纪的中国思想？这些问题都还没有得到认真研究，我们并没有一个清晰的认识。还有，哪些著作得到了翻译，哪些译者的影响最大？『西学东渐』的代表，明末有徐光启，清末有严复，那『民国西学』的代表作在哪里？这一系列问题我们并不能明确地回答，原因就在我们对民国翻译出版的西学著作并无一个全程的了解，民国翻译的那些哲学、社会科学、人文学科的『西学』著作，束之高阁，已经好多年。

举例来说，1935年，上海生活书店编辑《全国总书目》，『网罗全国新书店、学术机关、文化团体、图书馆、政府机关、研究学会以及个人私家之出版物约二万种』。就是用这二万种新版图书，生活书店编制了一套全新分类，分为：『总类、哲学、社会科学、宗教、自然科学、文艺、语文学、史地、技术知识』。一瞥之下，这个图书分类法比今天的『人大图书分类法』更仔细，因为翻译介绍的思潮、学说、学科、流派更庞大。尽管并没有统一的『社科规划』和『文化战略』，『民国西学』却在『中国的文艺复兴』运动推动下得到了长足发展。查看《全国总书目》（上海，生活书店，1935），在『社会科学·社会科学一般·社会主义』的子目录下，列有『社会主义概论、社会主义史、科学的社会主义、无政府主义、基尔特社会主义、乌托邦社会主义、基督教社会主义、议会派社会主义』等；在『社会科学·政治·政体政制』的子目录下，列有『政治制度概论、政治制度史、宪政、民主制、独裁制、联邦制、各种政制评述、各国政制、中国政制，现代政制，中国政制史』等，翻译、研究和出版，真的是与欧美接榫，与世界同步。1911年以后的38年的『民国西学』为二十世纪中国学术打下了扎实的基础，而我们却长期忽视，不作接续。

编辑出版一套『民国西学要籍汉译文献』，把中华民国在大陆38年期间翻译的社会科学和人文学科著作重新刊印，对于我们估计、认识和研究『中国的百年翻译运动』、『中国的文艺复兴』，接续当时学统，无疑是有着重要的意义。1980年代初，上海、北京的学术界以朱维铮、庞朴先生为代表，编辑『中国文化史丛书』，一个宗旨便是要接续1930年代商务印书馆王云五主编『中国文化史丛书』，重振旗鼓，『整理国故』，先是恢复，然后才谈得上去超越。遗憾的是，最近三十年的『西学』研究却似乎没有采取『接续』民国传统的方法来做，我们急急乎又引进了许多新理论，诸如控制论、信息论、系统论……还有『老三论』、『新三论』、『后现代』、『后殖民』等等新理论，对『民国西学』弃之如敝屣，避之唯恐不及。

民国时期确实没有突出的翻译人物，我们是指像严复那样的学者，单靠『严译八种』的稿酬就能成为商务印书馆大股东，还受邀请担任多间大学的校长，几份报刊的主笔。但是，像王造时（1903–1971）先生那样在『西学』翻译领域做出重要贡献，然后借此『西学』，主编报刊、杂志，在『反独裁』、『争民主』和『抗战救国』等舆论中取得重大影响的人物也不在少数。王造时的翻译作品有黑格尔的《历史哲学》、摩瓦特的《近代欧洲外交史》、《现代欧洲外交史》、拉铁耐的《美国外交政策史》、拉斯基的《国家的理论与实际》、《民主政治在危机中》。1931年，王先生曾担任光华大学教授，文学院长，政治系主任，后来创办了《主张与批评》（1932）、《自由言论》（1933），组织『中国民权保障同盟』（1932）。他在上海舆论界发表宪政、法治、理性的自由主义；他在大学课堂上讲授的则是英国费边社社会主义、工联主义和公有化理论（见王造时著《荒谬集·我们的根本主张》，1935，上海，自由言论社）。非常可惜的是，王造时先生这样复杂、混合而理想主义的政治学理论和实践，在最近三十年的社会科学、人文学科中并无讨论，原因显然是与大家不读，读不到，没有再版其作品有关。

我们说，『民国西学』本来是一个相当完备的知识体系，在经历了一个巨大的『断裂』之后，学者并没有好好地反省一下，哪些可以继承和发展，哪些应该批判和扬弃。民国时期好多重要的翻译著作，我们都没有再去翻看，认真比较，仔细理解。『改革、开放』以后，又一次『西学东渐』，大家只是急着去寻找更加新颖的『西学』，用新的取代旧的，从尼采、弗洛伊德……到福柯、德里达……就如同东北谚语讽刺的那样：『熊瞎子掰包谷，掰一个丢一个。』中国学者在『西学』武库中寻找更新式的装备，在层出不穷的『西学』面前特别害怕落伍。这种心态里有一个幻觉：更新的理论，意味着更确定的真理，因而也能更有效地在中国使用，或者借用，来解决中国的问题。这种实用主义的『西学观』，其实是一种懒惰、被动和浮躁的短视见解，不能积累起一个稍微深厚一点的现代文化。

讨论二十世纪的『西学』，一般是以五四『新青年』来代表，这其实相当偏颇。胡适、陈独秀等人固然在介绍和推广『西学』，倡导『启蒙』时居功至伟，但是『新文化运动』造成不断求新的风气，也使得这一派的『西学』浅尝辄止，比较肤浅，有些做法甚至不能代表『民国西学』。胡适先生回忆他们举办的《新青年》杂志，有一个宗旨是要『输入学理』，即翻译介绍欧洲的社会科学、人文学科知识；他还大致理了一个系统，说『我们的《新青年》杂志，便曾经发行过一期「易卜生专号」，专门介绍这位挪威大戏剧家易卜生，在这期上我写了首篇专论叫《易卜生主义》。《新青年》也曾出过一期「马克思专号」。另一个《新教育月刊》也曾出过一期「杜威专号」。至于对无政府主义、社会主义、共产主义、日耳曼意识形态、盎格鲁·萨克逊思想体系和法兰西哲学等等的输入，也就习以为常了。』（唐德刚编译：《胡适口述自传》，北京，华文出版社，1992年，第191页）。胡适晚年清理的这个翻译目录，就是那一代青年不断寻找『真理』的轨迹。三四十年间，他们从一般的人性论学说，到无政府主义、社会主义、马克思主义；从不列颠宪政学说，到法兰西暴力革命理论、德意志国家主义思想，再到英格兰自由主义主张，大致就是『输入学理』运动中的全部『西学』。

胡适一语道破地说：『这些新观念、新理论之输入，基本上为的是帮助解决我们今日所面临的实际问题。』胡适并不认为这种『活学活用』、『急用先学』的做法有什么不妥。相反，二十世纪中国知识分子接受『西学』的方法论，大多认为翻译为了『救国』，如同进口最新版本的克虏伯大炮能打胜仗，这就是『天经地义』。今天看来，这其实是一种庸俗意义的『实用主义』，是生吞活剥，不加消化，头痛医头，脚痛医脚的简单思维，或曰：是『夺他人之酒杯，浇自己之块垒』。从我们收集整理『民国西学要籍汉译文献』的情况来看，『民国西学』是一个比北大『启蒙西学』更加完整的知识体系。换句话说，我们认为『五四运动』及其启蒙大众的『西学』并不能够代表二十世纪中国西学翻译运动的全部面貌，在北大的『启蒙西学』之外，还有上海出版界翻译介绍的『民国西学』。或许我们应该把『启蒙西学』纳入『民国西学』体系，『中国的百年翻译运动』才能得到更好的理解。

我们认为：中国二十世纪的西学翻译运动，为汉语世界增加了巨量的知识内容，引进了不同的思维方式，激发了更大的想象空间，这种跨文化交流引起的触动作用才是最为重要的。二十世纪的中国文化变得不古不今，不中不西，并非简单的外来『冲击』所致，而是由形形色色的不同因素综合而成。外来思想中包含的进步观点、立场、方案、主张、主义……具有普世主义的参考价值，但都要在理解、消化、吸收后才能成为汉语语境的一部分，才会有更好的发挥。在这一方面，明末徐光启有一个口号可以参考，那便是『欲求超胜，必须会通；会通之前，必先翻译』。反过来说，『翻译』的目的，是为了中西文化之间的融会贯通，而非搬用；『会通』的目的，不是为了把新旧思想调和成良莠不分，而是一种创新——『超胜』出一种属于全人类的新文明。二十世纪的『民国西学』，是人类新文明的一个环节，值得我们捡起来，重头到底地细细阅读，好好思考。上海社会科学院出版社邀我主编『民国西学要籍汉译文献』，献弁言于此，是为序。

2016年3月20日，于阳光新景寓所

克莫斯基（Richard Krzymowski）著　曹貫一　譯

農業哲學

中華民國二十七年三月初版

目錄

校者序

距今十七年前，余在英國，即聞有農業哲學(Philosophie der Landwirtschaftslehre)爲克茲孛斯基所著。當時震於其標名之新奇，即訪求其譯本，卒未能得。嗣赴德國，與友人楊君孟周遊佛來堡(Freiburg)，途次曼海門(Mannheim)，不期而得之書肆，狂喜之餘，若獲拱璧，展卷尋繹，深感著者立論精博，無抱殘守缺入主出奴之見；然亦決非內容闊淺，而特冠以詭異之名，炫權讀者耳目也。夫哲學本學科之學科，顧多以爲陳義過高，類於玄想而置之，即一般研究自然科學之學者，亦強半不加探討，與之絕緣，此誠一大憾事。農學之竹，極不單純，其體系實由種種科學合成，故有稱農學爲混合科學者。今日農學進步，固已超軼前古，但因分科之專精，學者遂往往昭知樹而不知林之通弊；如研究農業技術科學者與研究農業社會科學者之互相輕視，各宣所長，即顯然例證也。農學者既分門別戶，敝帚自珍，若此更何從而肯涉及農業哲理？我國近年農學界之希近功，鄙他術，崇系統，嚴派別，途徑益分，局度日隘，欲於農學界中求一具有中心思想之人物，殆又渺不可尋，良可慨也。克茲茅斯基不宥於一隅之見，由農學演創哲學。其縱的觀察，則注重農學史，其橫的觀察則注重於農業地理，均闢專章述之。其於各農學鉅子，則咸紹介其主要學說而加品隲。倡唯理主義之塔爾(Albrecht Thaer)著者雖推崇備至，目為足與經濟學泰斗亞當新密(Adam Smith)相頡頏，極贊其判斷之精，尤服膺其定純收益優於粗收益之卓識。至對其名著合理的農業之原理一書之偏頗不全，如種葎，飼馬，栽培葡萄與釀造之或簡或缺，亦直指不隱。一般人俱稱輸入輪栽法於德國，於塔爾偉大功績之一，著者則否認之也。徐威茲(Johann Nepomuk von Schwerz)者，以數十年不斷之努力，從事於實際農事之蒐集，尤注意各國與各地方之種種農業經營組織及耕作次序與夫種植飼畜諸法之一人，僉以經驗的唯理主義學派目之。著者則盛推其能概觀農業全部領域，其研究資料，實為雖汲亦不能盡之源泉，而正確為地理環境之敍述，使及良好之影響於農業者，由氏開其先河也。以個人理想而創孤立國一書之屠能(Johann Heinrich von Thünen)，著者對之絕無微詞，並認厥書深邃，讀者非預先具有偉大之抽象能力，難於理解。至其學說，實為農業經營學全部之中心，洵屬不刊之論。顧於農業化學大家李比西(Justus Freiherr von Liebig)則寓貶於褒，不若流俗之一味傾倒。蓋李氏固非鑛物質說之前驅者，惟彼在學術界既樹權威，人多尊之，故司普林格(Karl Sprengel)雖首創斯說，反難專美，此均著者公正見地，不得視爲具有黨同伐異之觀。至對高爾茲(von der Goltz)漢森(Georg Hanssen)勞爾(E. Laur)伯倫哈得(Hans Bernhard)亞爾波(Friedrich Aereboe)及其他諸氏之文獻與學說，悉提要鈎玄，於適當處所述及，實可謂目光如炬，巨細不遺者也。要因交織，談農業技術科學者多忽之，著者於如此複雜問題，舉例至夥，並條分縷析作相關之說明，使變動不居之農業，亦可執簡馭繁，一以貫之。實驗研究，現代經營農業者固應純本自然科學盡量爲之闡明，而非實驗研究，所謂傳統的經驗者，要亦不可漠視。淘汰原則，一切進化之主力，農業歷史之發達，自當不能例外。他若取宇宙觀及世界觀以完成實驗農學，更徵著者胸襟磅礴，饒有偉築之理論精神也。曹貫一先生譯此書，乃根據橋本傳左衛門之日譯本，曰農學原論。譯成就商於余，因取原著歷三月之力參校之，並主張應仍其舊名爲農業哲學，存廬山面目。尤願國內從事農學者，各手一編，作徹底之理解，勿斥其無關宏旨也。

中華民國二十五年十一月十一日劉運籌序於國立北平大學農學院

譯者序

本書之內容如何？有無價值？余於茲不欲贅言。第余自攻農業經濟以還，已七八載，所讀各種農書，獨以此書最令余興味津津不忍釋卷，此種感覺今猶在懷。誠因著者以懇摯之態度，廣博之知識，對農學諸端，巨細無遺，詳加申述，其理論之透闢，見解之卓絕，於農學界中洵屬創見。故其實瀰吾人以新顯之知識，予吾人以莫大之啓示也。

職是之故，本書一出，匪特於德國農學界，有其至大之衝動，而且於其他各國農學界，亦及相當之影響。際茲農村建設孔亟之我國，農學研究雖漸引人注意，然多偏於一隅，有失正鵠。如何眞爲科學之研究？本書實指示一良善適切之途徑。是本書之迻譯，就其內容之價值言，就目前吾國之需要言，或僉有其意義在。

本書譯就後，承劉蓮谿先生爲校勘一過，並著一序文介紹，殊使本譯書生色不少，實均譯者所深感。合誌於此，以表謝忱。

民國二十六年二月六日譯者於北平

原著者之自敍略歷及主要論著

克茲芽斯基教授(Prof. Dr. Richard Krzymowski)，一八七五年九月五日生於瑞士之溫特秃(Winterthur)。父約瑟夫·克茲芽斯基(Joseph Krzymowski)——一八四一至一九二一——係出身於波蘭之麪包業者之家，爲瑞士溫特秃高等學校(Gymnasium)教員，担任數學與物理學。母路奇(Lucie)——係布洛克曼(geb. Brockmann)之女，一八五一至一九二九——屬德國系之婦女。克茲芽斯基，初就學於其出生地之小學及高等學校，至十七歲時，始注意於農業方面。即先求學於斯吐嘎特市(Stuttgart)附近之浩痕海門(Hohenheim)農科大學，卒業後，更轉入哈萊(Halle)大學，而繼續其研究。於此研究期間之前後，通計約四年中，或爲實習之農業技術員，或爲農業技師，於瑞士、奧大利、脫林根(Thüringen)等地之農場，參加實地之農業經營；更或於格勤根(Gettengen)大學之附屬農場，在塞爾好斯特教授(von Seelhorst)指導之下，以從事研究。其後，於亞爾薩斯·勞蘭州，爲農業教員，一九〇五年，提出上亞爾薩斯州亞爾特克希郡之農業(Die Landwirtschaft des oberelsässischen Kreises Altkirch)一論文於耶拿 (Jena) 大學之愛第勒教授 (Prof. Edler)，遂被授予以博士學位。後更歸亞爾薩斯·勞蘭州，再爲農業教員。世界大戰時，曾爲義勇軍隨從德軍出征，一九一六年右腕負傷，被授予以鐵十字勳章，後以不勝辛勞而離開軍隊。

一九一八年，教授以著亞爾薩斯·勞蘭之農業經營組織 (Die landwirtschaftlichen Wirtschaftssysteme Elsass=Lothringens) 而知名，被任爲當時斯特拉堡 (Strasburg) 大學農學部之教師。然而翌年，此大學以爲德國之大學而被封鎖；故實際彼已不能留任教職，旋法蘭西人復將彼驅逐出亞爾薩斯·勞蘭之境。於是一九一九年，乃轉而就秋比根 (Tübingen) 大學之教職，同時並兼威登堡 (Württemberg) 州其他兩官廳之官職。一九二二年，被任爲布萊斯勞 (Breslau) 大學之正教授，担任農業經營學講座，兼擕農業經濟學研究室主任，以訖於今。

一九〇六年，彼與克拉拉 (Clara)——諾爾(geb. Rohr) 之女——結婚。

茲將揭猍教授之論著約八十種中之主要者於次：

1. Das Wesen der Urzeugung. 1897. Publ. in "Die Natur" Nr. 19 und 20.

2. Die Landwirtschaft eine Symbiose. 1901. Publ. in "Fühlings Landwirtschaftlicher Zeitung" Nr. 8.

3. Die Landwirtschaft des oberelsässischen Kreises Altkirch. Berlin, Paul Parey, 1905.

4. Kulturpflanzen, Unkräuter und Haustiere als Intensitätsindikatoren. 1905. Publ. in "Fühlings Landw. Zeitung" Nr .5 und 6.

5. Die wissenschaftliche Stellung der Landwirtschaftsgeographie. 1911. Publ. in "Fuhlings Landw. Zeitung. Nr. 8.

6. Die geschichte Anpassung der Landwirtschaft an die Umwelt und die Landwirtschaftsgeographie. 1912. Publ. in "Illustriorten Landw. Zeitung."

Nr. 37 und 38.

7. Intensitätsindikatoren. 1913. Publ. in "Fühlings Landw. Zeitung."-Nr. 1.

8. Die landwirtschaftlichen Wirtschaftssysteme Elsass=Lothringens. Mitw. von Dr. Aug. Hertzog. Gebweiler in Elsass, 1914. Verlag von Jul. Boltze.

9. Philosophie der Landwirtschaftslehre. Stuttgart, 1919. .Verlag von Eug. Ulmer.

10. Graphische Darstellung der Thünenschen Intensitätstheorie. 1920. Publ. in "Fühlings Landw. Zeitung." Heft. 11-12.

11. Die bäuerliche Landwirtschaft. 1927. Mitw. von Dr. A. Haase. Publ. in "Landw. Jahrbüchern" 66. Band.

12. Der landwirtschaftliche Zinsfuss. Stuttgart. 1931. Verlag von Eug. Ulmer.

農業哲學

第一章　緒論（註一）

本書標題為農業哲學 (Philosophie der Landwirtschaftslehre)，其名乃歷來所未嘗用者，至少亦為人耳所未熟聞。然而標題，由內容規定其意義，因哲學為原理之學（註二），吾人由此欲對農業之原理原則加以敍述，故其正為農業之哲學。

（註一）此緒論及次章之農學歷史的發端，曾發表於 Fühlings Landwirtschaftslehre Zeitung, Verlag von Engen Ulmer in Stuttgart, 1917, Heft 11/12。

（註二）『哲學為原理之學』乃余伯威格＝海茲 (Ueberweg=Heinze) 之哲學史綱要第一卷 (Grundriss der Geschichte der Philosophie. I. Teil, 9. Auflage, Berlin, 1903) 緒論所舉之定義，哲學之意義，亦可解釋為認識之批判。(Mauthner, Wörtbuch der Philosophie. II. Band, München und Leipzig 1910, S. 272)

本書標題之「農業哲學，」至與此意義相合。何耶？因本書實係對農業之認識可能之批判也。

科學與藝術，每隨時間之經過而變更其地位，此固周知之事實。卽若新觀點新興趣出現而且觀點變化——其於科學，往往哲學的基礎觀念，亦爲之變化。——，則描寫多變爲與從前完全不同之物。其中觀察之方法，尤爲形形色色。往時祇由一種見地以觀察者，其後則由完全互異之視角，而同時觀察之。

科學若益形複雜，且其理解亦不容易，則斯事實雖一方使人對於科學之認識便利，然於他方，卻又予以不便。各種學問系統，於許多之情形，各具其特有之用語與特殊之標語。學者與藝術家，對一己之專門領域之某一立場，雖頗能理解，然而於其他之立場，則毫不理解或毫不聞問者，乃吾人所屢屢經驗之事實也。

爲敍述藝術與科學之各種專門見解，以歷史的發生的而試行之者，本一般之慣例。故吾人亦從此慣例，將歷史的敍述之章——農學歷史的發端——，揭載於本書之開端；至其他之學說與吾人之個人見解，則於次此之各章而說明之。

關於農業之文獻，本已甚多，故其中討論農業之哲學根據者，無待言，自有相當之數量。尤其於農業教科書或農業全書之緒論的部分，得常見有關於此種事實之敍述也。

雖然，特別的詳細的研究關於農業哲學問題之文獻，決不多覯也。研究者，必須自己直接檢討此種文獻。於其他之專門，關於其學之方法論基礎，更爲方法論以論究者，已屬悠久之事。此僅舉藝術哲學，宗教哲學，歷史哲學，法律哲學，數學哲學，自然科學哲學——試思彼時間，空間，物質，動力，運動，淘汰與進化等之概念論。——與醫學哲學等之諸概念，卽可充分明瞭。——如斯之哲學，名爲專門學之哲學（Fachphilosophien）。——而與農業經營學有密切關係之學問之國民經濟學，其爲哲學的方法論的研究者，亦正復頗多。惟關於農業之原理，其專爲方法論的研究之學者，歷來卽屬微少，殊値注意。

吾人預期於本書闡明斯種研究之緊切必要。農學實具有一定之哲學根據。此種基礎原理，係廣涉斯學之全部，爲意識的與無意識的或支配關係學者之全部，或至少支配關係學者之大部。當視爲吾人所謂農學之方法論的原理議論，原無非至少。例如農學之目的，在於現實之改良農業上知識之源泉，在於從事實驗——尤其比較實驗——並予以加工；知此實驗結果並其因果關係之農業者，較諸基於經驗而經營之農業實際家爲優良；唯有如此，其始得爲合理的（Rationell）之經營等。

如斯文句，關於農業之論文中，原至平常。且一般人士，以爲斯乃自明之理。通常認之爲單純之一公理，絕對的或至少亦爲一原則而不可動者。

右列各說，多含有一部之眞理，且對於學說及實際之得爲有效利用，吾人決弗能否認也。雖然，如右各說其旣非爲如一般所想像之自明之理，亦非爲具有普遍之妥當性者焉。本書卽欲釋明此種事實，尤其欲啓示不可陷於固執此種議論之偏頗也。蓋於右述之原則，有加以異常巨大限制之必要，且他方農業得由與歷來完全不同之見地而觀察之，尤以其果如此，致農業顯示其完全一新之形象。現時之農學，若以吾人觀之，僅限其視野於如右所述之原則或與此相類似之點，則其對於實際之事實及眞確之現象，可知不必悉爲妥當也。

關於農學之方法上問題，欲悉納於本書，斯乃完全不可能之事。尤其實驗研究並與此相關聯之事項——誤差確率算法(Fehlerwahrscheinlichkeitsrechnung)及其他與此類似者——之方法論，一切均須付之闕如。固然，其於方法論上占頗重要之地位，但此其敍述，乃專門研究者之職責，而非著者之任務。至若關於實驗之一般的根據，尤其實驗對於科學之活用，則須加以特別之考察，無待言，其爲關於吾人之當然任務也。

第二章　農學歷史的發端

第一節　由古代至塔爾

關於農史之著作，多同時區分爲農業之歷史與農學之歷史。因吾人於本書欲討論農學之方法論，故於茲成爲問題者，自爲學說之歷史之闡明。

然雖關農學之歷史，而其在塔爾之前期者，歷來研究率非用眞正之科學方法。許多書籍關於此事實之記載，均不甚滿足。即馬格斯提特之羅馬農業略說，（註一）馬克思昆茲之農業文獻全書（註二）富拉斯之農林學史，（註三）與高爾茲之德國農業史，（註四）於嚴格意義上，其亦均弗能充分滿足也。雖然，此最後所揭載之高爾茲之著作，乃右列中之比較最優良者，關於塔爾以後之時代，亦於其第二卷中，供給許多之資料。惟第一卷之關於塔爾以前之時代，則未能充分洞悉當時文獻之眞相。高爾茲誠爲一勤勉之實際著作者，固弗能否認其功績，然而彼非爲具有深邃之思想家。馬克思民茲於其所著全書之中，祇無非列舉關係書之書名與書中之章節目次，即其實不過於書籍目錄摘錄一二之傳記而已。（註五）他若富拉斯之著書，則其敘述頗不充實；至馬格斯提特，則偏於羅馬農業之記述，關於羅馬之農學，卻無甚說明也。（註六）

（註一） Magerstedt, Bilder aus der römischen Landwirtschaft. 5. Hefte, Sonderhausen bei Eupel, 1858-1862.

（註二）Max Güntz, Handbuch der landwirtschaftlichen Literatur. 3 Bände, Leipzig, bei Voigt, 1897 und 1902.

（註三）Fraas, Geschichte der Landbau=und Forstwissenschaft. München, Cottasche Buchhandlung, 1865, 佛拉斯曾有一農業史一名過去百年間農業進步之史的概觀(Geschichte der Landwirtschaft, oder geschichtliche Uebersicht der Fortschritte landwirtschaftlicher Erkenntnisse in den letzten 100 Jahren, gekrönte Preisschrift, Prag 1852) 及古之農法，惟著者尚未論此。

（註四）von der Goltz, Geschichte der deutschen Landwirtschaft. 2 Bände, Stuttgart und Berlin, 1902-1903. 哥爾茲於此以前，即已於其所編纂之農業全書（Handbuch der gesamten Landwirtschaft. Band I, Tübingen, bei Laupp, 1890.）中，關於羅馬農業之歷史概觀，發表至有興趣之研究。然因其中哥爾茲自己執筆之

表一篇農業史與農學之科學的著述 (Geschichte der Landwirtschaft und wissenschaftliche Behandlung der Landwirtschaftslehre)。

（註五）昆玆之令述，其最有興趣而要讀者，爲古代農書之發達及其價值 (Ueber die Entwicklung und den Wert der älteren landwirtschaftlichen Literatur. im Band III, S. 1-14.)。關於此以後尚有記載。

（註六）馬格斯提特於其著書第五卷第一二〇頁，反對支配其當時及其悠久以後學術界之見解，即所謂德國人與其鄰近之民族，由羅馬人學得三圃式農耕法之見解，殊有大加注意之價值。因是若從右說，謂三圃式農耕法，非卡爾大帝 (Karl der Grosse) 於意大利認識之後而移植之爲國有農場，即係由德國之羅馬移民而輸入之。然彼反此，謂『從來之一切經驗，證明輸入一新耕植方法於某民族間，無論其由外來之移民，抑或由皇帝之命令，概決非如輸入器械其物之若是容易實現者。經營方法與田園組織，於各民族間，各有其特殊之發展，恰與農具之以氣候與土質之互異而不一致相同，且與其風俗，習慣，法制，農作物之利果，有時更進而與文化之程度人口之數額之不同等等，保持極密切之關係，而表現其地方的(Lokal)差異。……歐洲之支配者，其由宮庭中之命令，指示一民族而且一大民族所當依據之農耕組織，或如使園丁接插枝 (Pfropfreis) 於本幹之簡單移植若是其有力者，雖一人亦未之見也。』

要之，農學之古代史，今尚不能十分滿足，此後更需有較良書籍之著述。蓋農學之古代史，亦將與歷來完全不同也。羅夏 (Roscher) 所著農業之國民經濟及其相類似之原始生產 (Nationalökonomik des Ackerbaues und der verwandten Urproduktionen) 中，關於農史之許多記載，其爲如何之優秀豐富乎？吾人一觀及此，頗感及凡關於農史之材料，若一人眞正天才學者之掌握，當可編製爲富麗堂皇事實也。

似此，吾人現尙不能獲得關於農學成立之完全文獻，因是吾人關於本節之敍述，亦祇以臨時之未定稿視之。

大體上，古代之農學，就歷來研究而觀之予吾人以如次之印象。即於其始，關於農耕之特殊學問未之存在，當時關於農業之許多事項，與屬於其他各種專門之事項相混合。如斯事實，即至近代，亦復若是。例如家長學（Hausväterliteratur），於農業之外，復將所有其他之事物，加諸其所考察範圍之中。實際上，關於農業之敍述，係先以純粹之實利爲目的而爲之。即以記錄農業上之特殊經驗，俾資有利於其他農業者爲目的也。故其立場，與今日之許多通俗書中所常見者相同。

科學的見解，甚少見於當時文獻。迷信，神話，星占（註）以及類此之事項，於農業上之敍說，居其大部分。家畜與人類之疾病，或植物之疾病，一切悉由古代及中世紀之附會的迷信的解釋而說明。

（註）古代巴比倫人及古代墨西哥人之間，對於星之運行，足及其影響於植物之繁茂，延而對人類與動物之繁榮成

長亦及其影響曾發生如是之信念。關此哈恩(Eduard Hahn)曾加以如次之說明。巴比倫國土之肥沃，乃灌漑之所賜。蓋幼發拉底河與底格里斯河之水，至每年之夏，以太陽之增高——因亞爾美尼山(Armenien)積雪之融解——，而非常增大。於是巴比倫人爲善事統制灌漑及其他，實必須有恃於正確之天文觀測與周密之曆法計算等。一國之福祉，與星之運行狀態具有極深之關係。由是發生地上之萬物，悉受星之影響之信念；同時於他方，亦促進古代巴比倫人之天文學之發達。古代之墨西哥，亦有完全與此相類似之事實。是故於該地方其與曆法之計算相關聯而崇拜星辰之宗教，亦頗見發達。哈恩著犂耕之起源(Die Entstehnng der Pflngkultnr, Heidelberg, bei Winter, 1909, S. 31ff.)。

雖然，於茲成爲問題者，古典中所見之古代學者果咸具有如斯之見解耶？於某程度，其固與實際相同，因如右之見解，概爾與當時之時代相應者也。然而於他方，若見及古代希臘思想界之蓬勃隆盛，則亦將起如次之疑問：即於當時希臘學者之中，對農業方面曾加以科學之解說者，非亦有若干人耶？至少與其他許多方面相同，對此加以某種之想像的解釋，或有時以敏銳之精神閃爍而使事理明瞭者，非亦不無其人耶？人類之文化，由於所謂狩獵及漁獵——遊牧——農耕之形式進化而來之如彼三段進化說或遊牧說，不能不求其起源於希臘人之狄克爾希(Dicaearch)。無待言，此爲關於文化發展史及農業發展史之一重要學說，至近世一般猶如此相信，其後弘包爾特

(Alexander von Humboldt)，洛瓦克，（註一）哈恩，（註二）及其他學者曾相論爭，迄於今日，亦未見其有休止也。

（註一）洛瓦克(Nowacki)之古代農業發達論(Ueber die Entwickelung der Landwirtschaft in der Urzeit)，載農業年報第九卷(Landwirtschaftliche Jahrbücher,IX Band,1880)。此爲頗優秀之論文。

（註二）哈恩關此有許多之論文。卽家畜及其對於人類經濟之關係(Die Haustiere und ihre Beziehungen zur wirtschaft des Menschen. Leipzig, 1898.)，關於古人農耕起源一說之研究(Demeter und Baubo, Versuch einer Theorie der Entstehung unseres Ackerbaus, Lübeck 1898.)非賣品(nicht im Buchhandel)，犂耕之起源(Die Entstehung der Pflugkultur, Heidelberg,bei Winter, 1909)與由鋤至犂(Von der Hacke zum Pflug, Leipzig, bei Quelle und Meyer, 1914)等。此外介紹哈恩之關於農業史之見解者，尚有克黎米斯基(Krzymowski)之小論文，題曰哈恩之農耕形態之歷史及分佈(Geschichte und Verbreitung der Landbauformen nach Eduard Hahn, Fühlings Landwirtschaftliche Zeitung 1916, Nr,13-14)。

若更詳究古代文獻中之農業上的見解，猶易發見希臘與羅馬之諸學者，無疑義其對於右相類似之學說，旣有先驅。

希臘人與羅馬人關於農業之著作，其數實屬至夥。於見存之農業文獻全部中，關於古代之農業及相近於此之產業之著作者姓名，曾依字母次序（alphabetischer Reihenfolge）揭載之。其中尤以希臘人苦賽諾芬（Xenophen）之農業書（Oikonomikos logos），羅馬人加圖（Cato），可魯妹拉(Columella)，波拉第斯(Palladius)，瓦勞(Varro)與費格爾（Vergil）等之農業書，與其後代之叢書 Geoponica 及其他等爲有名。又古代之博學者，如亞里士多德（Aristoteles），亦於其著述論及農業，至少亦論及與農業相隣近之境域也。

關於古代記述，暫止於此。其次進及中世與近代——至塔爾以前——於茲吾人更可接觸許多關於農業之文獻。雖然，此種文獻，其仍不能直接有利於吾人之現代也。蓋此等作品之至少一部分，雖貢獻貴重之資料，爲吾人所必須首肯；但以現在言之，實處與其許多事實完全相反之世界。因是除專門之歷史家以外，任何人對此殆亦無詳細研究之餘暇。

昆茲於其所著農業文獻全書第三卷之緒論『古代農業文獻之發達及其價值』中，關於塔爾以前時代之文獻，曾爲如次之概觀——但主要討論者爲德國之文獻——。卽供給類似古代農業之若干要點者，爲古代之法律命令集，如日耳曼族，法蘭克族，亞爾曼（Alemanen）族，巴陽（Bayern）族與撒克孫族等之各種法律，以前誤傳爲卡爾大帝之勅令（Capitulare de villis vel curtis imperatoris）(註)與其後之土地登記簿及其他相類似之書籍等。又弗利得理希大帝第二（Kaiser Friedrich II）之狩獵法，亦曾記載有馬格奴斯（Albertus Magnus）——一二八〇年卒——之關於動植鑛物等之記述。

（註）披道普脩（Alfons Dopsch）之研究，此勅令非爲卡爾大帝所發佈，而實係路得維希第爾弗路梅（Ludwig der Fromme）之制定。且其非爲關於德意志者，而實係關諸亞奎他尼（Aquitanien）。因之由此勅令以想像古代德國之農業狀態者——高爾茲之解釋亦屬之——，其根據自係薄弱。

於十五世紀及十六世紀，曾有許多人士，從事農業之著述。昆茲分此爲翻譯者與編纂者之兩種。所謂翻譯者乃指將關於希臘羅馬之農業及其他書籍翻譯爲德文者而言。如一五三〇年時住於巴塞爾（Basel）與斯特拉堡（Strassburg）之米色黑爾（Michael Herr），曾譯覺泡尼克（Geoponica），可侶妹拉（Columella）與波拉第斯（Palladius）爲德文。於茲若更舉其後與此有關之翻譯，則有苦普費聚爾（Kupferzell）之買雅（Mayer）與哈萊（Halle）之格勞斯

(Grosse)之譯瓦羅(Varro)，馬布格(Marburgen)之庫爾秀斯教授(Professor Curtuis)之譯可爾妹拉(Columella)，與路易斯(Louise)詩之創作者同時亦爲荷馬(Homer)詩歌之翻譯者之佛斯(Johann Heinrich Voss)之譯 Vergils Georgica 等。

所謂編纂者，即輯錄古代學者關於農業——於茲所謂農業者，不必嚴格區別與農業相近似之其他產業。——之學問上之見解也。於此編纂者之中，其可得而舉者，有蘇黎(Zürcher)人蓋斯諾(Conrad Gessner)，馳名植物學界之植物學者鮑克(Hieronymus Bock)，布倫費叔斯(Otto Brunfelsius)，富克斯(Fuchs)與他拜愛門他奴斯(Tabernaemontanus)等。

觀此已知在十六世紀之學者中，除此編纂者之外，復有若干獨創的學者。

當舉爲所謂家長學(Hausvaterliteratur)之先驅者，爲意大利之克勞細滕蒂斯(Petrus de Crescentiis)——一二三〇年生於鮑洛尼(Boloyna)，一三一〇年卒於同地。——法蘭西之愛蒂內(Charles Etienne)——拉丁式之姓名稱爲 Carolus Stephanus，有 Maison rustique 之著作，拉丁版爲 Praedium rusticum，一五六四年卒。——與法人之農場(Theatre d'agriculture）著著塞萊斯（Olivier de Serres）——一六六〇年代在世——等。此外，於英國亦可列舉諸多之學者。

若據昆茲所見，德國之家長學創始於赫萊斯巴哈（C. Heresbach 1496-1576），格婁塞（M. Grosser）與柯勒（Coler），在三十年戰爭時稍形中斷，至十七世紀末葉實達最盛時期，迄一七七〇年代之格梅好貞（Germershausen）而終結。於右列家長學者之外，尚可得而舉者，為好貿倍（Hochberg），富勞尼奴斯（Florinus）與勞爾（V. Rohr）。他若閔希好貞（Münchhausen），亦可加入此派之中。

據高爾茲（註）之研究，家長學實具有特徵，乃十七世紀及十八世紀前半之大部分農學者所獨有之彩色。氏謂『其創始者，解釋農業經營為家政之擴張，因而認為當受一家主人與主婦之管理。』故於其作品中，非僅論及農事，即屬於家事之一切瑣務，如炊事，漬物，飲料製造，狩獵，育兒，家庭醫術，曆法與星占等，亦均研究之。羅馬與其他古代農學者之說，於此家長學中引證甚多。

（註）高爾茲著德國農業史（Geschichte der dentschen Landwirtschaft. Band I. Stnttgart und

Berlin)，第二九九頁。

財政學的農學派 (Die Schule der Kameralistisch=landwirtschaftlichen Schriftsteller)，出現於一七二五年以後。其中著名者，爲倍肯道夫 (V. Beckendorf)——Oeconomia forensis, 1775——，猶斯提 (V. Justi)，普范非(Pfeiffer) 與貝克曼(Beckmann) 等諸多之財政學者，對農民之身分解放，基於賦役及其他隸屬關係之負擔撤廢，以及關於其他農民解放等，實爲實現其所有法制之前驅；且彼等復盡力於耕種組織之改良，荒蕪地之縮小，放牧地之共同利用，與強制耕作之廢止等。簡言之，即致力於當時農業政策上重要問題之解決也。同時，彼等既至能與自然科學界之大勢保持連絡，而且復殫精竭慮從事於以自然科學解說農事上之現象。

於此財政學者之外，尚有實地之農業者從事農學之研究。以此等人士特別置重於實驗研究，故實驗的經濟學者(Experimental=Oekonomen) 之名，至少亦可冠諸此種學者之身。此派人士，即實地之農業者關於農事之著作，有萊夏特 (Reichart) 艾克哈特(V. Eckhart)——一七五四年所發表之實驗的經濟學之著者(Verfasser der 1754 erschienenen "Experimental=

Oekonomie")——盧泡特（Leopoldt），買雅（Maver），克萊費得(Schubart von Kleofeld)與倍根（Bérgen）等。

高爾茲會謂盧泡特與艾克哈特，於嚴格限制其所討論之範圍爲農業領域，省略炊事，漬物，家政，家庭醫術與其他相類似之事項，極少記述道德的宗教的問題，廢止或限制引用希臘與羅馬之農業者記載等各點，是其與『家長學者(Hausväter)』之不同也。彼等概不引用古代之事實，而於其當時農業蒐集許多之材料，並置重於農業上之計數測定——如犂耕之深淺，畦幅，播種量，收穫量，與家畜之體重等。

倍根所著之改良家畜飼養教程（Anleitung für die Landwirte zur Verbesserung der Viehzucht, Berlin und Stralsund, 1781.），其後曾由塔爾爲之改版。此膏予塔爾以甚大之影響，且使彼稱之爲古典的著作。

十八世紀中之英國農學者，於農學之進步亦多有貢獻。如人所習知，英國之農業，於種種之點，曾長期爲弗利得理希大王及其他人士所取則。又如塔爾，亦顯著受其影響。塔爾本人，雖未曾一度至英;但自己卻進而研究英國之農業,發表關於此種之著書。於玆若舉當時英國農學家之比較著名者,則有悌斗(Jethro Tull 1680–1740),楊雅素(Arthur Young 1741–1820),辛克拉(John Sinclair 1754–1835)與馬夏爾(William Marshall 1747–1819)等。

當時在英國農學家之最著名者,實爲楊雅素。彼之著作,曾被譯爲德文及法文。彼由於旅行英吉利及法蘭西——其旅行之一部,且延而及於意大利及西班牙。——所著述之精確且浩瀚之農業旅行記而成名。楊雅素之記錄,不僅限於吾人今日呼爲農業地理之記載,且進而至於各國之政治的社會的事情與工商業之各方面,故若易辭而言之,雖以經濟地理——農業爲中心,然仍係一經濟地理。於彼之旅行記,即繪畫美術館與紀念碑等物亦記載之,且有時以之與農業記事交錯而記述。至楊雅素之思想,乃啓蒙時代之一唯理主義者(Rationalist)。然此啓蒙時代爲何?則吾人當於次節塔爾時代加以詳細之考察。

第二節　塔爾

塔爾(Albrecht Thaer 1752–1828)在農學上之建設，一般學認其占中樞之地位。彼蓋與雖與彼同時而年事稍長之亞當斯密(Adam Smith 1723–1790)相頡頏，亞當斯密，乃對國民經濟學之發達予以顯著影響，皆爲相對應者也。

以科學建設農學，普通謂創始於塔爾。農學與塔爾，均爲啓蒙時代之所產，尤其爲唯理主義(Rationalismus)之產物。關此於歷來之農學歷史者，均極忽視。唯理主義，以其特別置重實用卽增進人類福利之結果，自注目於居人類職業中第一位之農業，於是遂亦爲使農學成立一科學之助力。

吾人先比較塔爾與亞當斯密。在國民經濟學界，實得謂亞當斯密以前之一切經濟學，均無非爲輔助彼之國富論(Wealth of Nations)出現之準備，且亞當斯密以後之經濟學，亦祇爲亞氏著作之祖述而已；同等事實，亦得對塔爾而言之。非惟是也，此兩者之類似，更出諸右述之外。亞當斯密之學說，雖非如普通所想像之若是其獨創者；然而彼卻以極巧妙之方法，融合於彼以前卽已知名之各種學說於一爐，而造成有力之學問。斯種事實，其於塔爾，亦大致適切。卽何者關於眞正之新

機軸？何者屬於蒐集精選先人之業績？於彼亦弗得容易區別之也。(註)

（註）屠能(Thünen)雖對其師塔爾以集約耕作組織為最有利之點，謂過於樂觀；然於其他各點，則率異常尊敬其師。且對合理的農業之原理(Grundsätze der rationellen Landwirtschaft)為如次之敍述：『塔爾之新著——合理的農業之原理——，具有古典價値，為農書中最上之著述，實無容疑。雖然，其於同書中，殆未提示新見解與新發見。個人相信此書之價値雖高，然其絕非如彼著者英國之農業概觀，予農業界以革命也。著者英國農業時之彼，為非常熱誠之人，同時亦為缺乏農業實際知識之人，以幻想與熱情而敍述若干農業法之優越，是故讀此者，立覺自己遠較一切之實地農業者為偉大，而發生不久即為富裕之人類之心情。反之，著合理的農業時之彼，為富有經驗之人，以前彼之巨大希望，已陷於慘痛之破壞，故其主張，遂為極深切之注意與確實之事實，期留傳說之毫無錯誤。』由蘇馬雪——查徐林(Schumacher=Zarchlin)之屠能之研究生涯(J. H. Von Thünen, ein Forscherleben. 2. Auflage, 1883.)引用——。

抑尤有進者，於其他之一點，亦可承認塔爾與亞當斯密之相似。即此兩者之思想，各由其後進屢以偏頗之方法而發展也。亞當斯密之後進經濟學者，往往非常重視演繹的抽象的方法；其在農學，塔爾之後進，亦復相同，尤其如李比西(Liebig)，僅由唯理的立場以觀察農業，而對其歷史的地理的研究，則置諸不顧。塔爾固屬傑出之唯理主義者，然而彼絕非如是之偏頗。蓋果非如此，則與唯理主義立場完全相反之徐威茲(Schwerz)關於農業地理之著作，將對之不見有如是其濃厚興趣也。

吾人對此諸多之塔爾大作，雖於一切均加以考究，斯種工作，宜讓之於農業史教科書。對本論之特殊目的，祇須研究塔爾之主要著述合理的農業之原理　(Grundsätze der rationellen Landwirtschaft)　而已足。此書之第一版，出現於一八〇九年或至一八一二年。(註) 於其緒論，曾揭示有哲學之立場。

（註）為本論之藍本者，係一八八〇年柏林保爾．泊萊(Paul Parey)所發行之附註釋之新版書。此書毫未變更塔爾自身所寫之原文，而乃一完全重印者。——新版之發行者克拉夫特(Guido Krafft)，萊曼(Lehmann)塔爾（著者之孫）與契爾(Thiel)所添加之歷史的註釋及其他，以小鉛字而記載之。——於此新版，並載有塔爾之肖像與略傳。塔爾傳記之詳細者，有昆特(Wilhelm Körte)雖非才能，然曾發表題名塔爾．醫師及農學者之生涯與業績(Albrecht Thaer. Sein Leben und wirken, als Arzt und Landwirth. Leipzig,bei Brockhaus 1839.)之1書。

合理的農業之原理，實乃以正當之權利而為古典的以藻麗之辭句而說明富麗的內容之著

作。一八八〇年版之出版者，對此會述：『此書雖以其後之學理與技術之不斷進步，不無若干之點

似屬時代之落伍者；然於大體上，則今日固依然毫未陳腐也。此書於農業學者，雖在今日，仍爲其教訓之源泉而不竭。清新之生氣活躍於其中，敍述頗明爽，判斷極適切。故卽今之讀此者，對塔爾之農業上知識與能力，猶不能不驚嘆也。」

此書於其開始之數節，卽以塔爾之夙懷而披瀝『合理的農業』一語之意義。至今猶以合理主義——唯理主義——之名而概括彼之思想全體者，卽由於此。

塔爾以農業乃以獲得利益爲目的之一營業之文句，而開始其敍述。謂決定農業者，非其粗收益之多，而實係純收益之大。由於若斯之敍述，故塔爾遂倡農業之生產，受一切經濟理論之支配。彼以爲收穫雖多，然若其生產費比較昂貴，因而其純收益卻反減少，則實顯然當排斥此多收穫也。

於實務上驅使農業者之心理的動機，彼亦承認之。彼區別手藝的農業，藝術的農業與學理的唯理的農業之經營。所謂手藝的農業與藝術的農業之差異，於茲暫置不論。總之，斯二者雖多少有程度之差，然固根據於長時間經驗所規定之方式。至其根據之原因，則可勿深究。惟所舉之第三種，則與此不同，而係以學理的觀察農業。卽『就特定之情形——須嚴別各個之情形——，尋求其各

自得爲最善處理之根據。』（第六節）

『關於農業之學理之職務，非在於預先製就其特殊之準繩，而實係昭示首須認識歷來之經驗與判斷之結果，然後將其加以吟味，務求澈底研究發生此結果之根據，以闡明一切作業之意義，而考究一般所採用之學說是否合理。似此，自可明瞭關於各個實際問題所支配吾人之原則爲何，且更進亦可預知並算定此原則之支配結果。』（第十二節）右述文句，以其係表現關於唯理主義的農業思想之全部輪廓，故須充分注意而善玩味之。

『唯有如斯之學問，其始得調和個別觀察結果所導出法則之矛盾，而洗鍊經驗。蓋學問之爲物，在喚起如次之才能，卽判斷當事業經營時所發生之一切事項，基於此判斷乃得結論是也。』（第十二節）

於第十四節以迄第三十八節，塔爾會就經驗實驗與觀察對於農學構成之意義，更進而對此補助學之意義予以敍述。於第十八節中，彼謂農業界中之現象，多係種種複雜原因之合成的結果，因是若缺少其一種原因或要素，則其他各要素之作用，亦必完全一變。此殊爲頗饒興趣之事實。吾人於茲對其後由李比西所發揚更於近時再爲多數人士所論究之最少率（Minimumgesetze），實可明瞭認識其已萌芽。

塔爾異常重視實驗研究，尤其比較實驗研究。彼提倡國家有使特殊機關從事此種實驗研究之必要——今日之農業試驗場與大學所屬之研究機關，相當如此。——。雖然，彼絕非否認普通從事實地農業觀察之重要，徒無非以此爲對實驗研究之一臨機的補助手段耳。（第二十六節）然而彼同時復承認此種研究方法，於其他之學問，例如醫學，亦於某時代完全採用之，塔爾係醫家出身，自然非常明悉臨床的研究方法。

『自此錯雜混沌之中尋求其光明與秩序，實須異常注意與明辨。對實地觀察結果，非僅蒐集整理之而已也，更必須從所有各方面互相比較彼此綜合而觀察之，以與已知之事實及現存之正確實驗研究結果相對照檢討而後可。其果如此，則由此觀察，可以獲得多少明瞭事理且道理上任何人亦不能反對之重要結果。而以此爲基礎，更實行較正確之實驗，則終必獲得確定不移之肯定的或否定的結果，自無疑義，』（第二十七節）

塔爾於其著作中，曾論及農業全體之事項。在當時，以業務上之分化，尚未有如今日之進展，故任何人亦可較諸今日比較容易通曉農業全部領域之梗概。然而世人往往有以塔爾爲通曉農業全體者，殊不甚當。蓋通曉與通曉梗概之間，本大有差異。且以個人而通曉農業之全體，於塔爾之時代，已屬不可能之事實。塔爾之合理的農業之原理全部雖達一千一百頁——一八八〇年之新版，包含發行者之註釋。——；然而於種葎草(Hopfenbau)之項下，則僅占其四頁。其中之敍述，固屬異常精美，惟以此而欲完全究明其所當研討之材料，實不可能。馬之品種敍述，亦僅一頁而止，以若是其微之品種知識，而欲使馬之嗜好者滿足，恐無一人也。又德國南部之農業者，恐於同書中，以缺乏關於葡萄栽培與葡萄酒釀造之記載爲遺憾。雖然，卽如是而言，其固毫末非難塔爾之著作也。且不導惟是吾人對於著者農業知識之淵博，卻誠不勝其驚嘆。要之吾人於茲無非欲闡明通曉農業全部之事實，在塔爾時代，實際上已大體爲不可能也。

塔爾之偉大功績之一，或謂輸入輪栽法(Fruchtwechselwirtschaft)於德國。然據是所言，亦非完全適當。塔爾爲輪栽法之熱心擁護者，且謀其廣汎普及，於其著述中爲一有力之傳道者

(Propaganda)，固係事實；然而如其認爲德國之農業者由於塔爾而始被教示以輪作之利益，或由於學塔爾所熱心研究之英國農業而一般始知輪作之方式，則斯殊錯誤。蓋輪栽法，其於德國，自古代即已廣汎存在於各地——徐威茲曾報告於普法爾茲(Pfalz)及亞爾薩斯(Elsass)等地，古時即已實行輪作之順序；又於其他之地方，輪栽式之耕植法，於數百年前已有之，記載此或以之爲文獻而發表者，原非徐威茲一人。(註)故輪栽法，絕非由於塔爾之宣傳，而始從英國移植之者。惟德國之農業，在昔原屬極粗放之經營，故對其當時所已存在於國內之一部輪栽法，實未供給得使其廣汎普及之優良素地。職是之故，三圃式農法與其他之粗放土地利用方式，遂致繼續存在於數百年之久。然而至塔爾時代，以德國人口之異常增加，故其結果，農業爲之集約化，於是廣汎普及輪栽法而奏效果之機運，亦因之成熟。而在塔爾，則正顯著促進其普及也。至技術上，輪栽法雖未予實地以何等新奇之物；然而在經濟上，則以與德國農業之集約化相輔，故於塔爾時代以後，始得發揮其特長。徒以歷史的原委之缺乏，於是往往視之爲根本新奇者，技術的農業之變革者；然其所以至於如斯，無非一由於科學之方法，尤其爲合理的農業之賜也。

（註）關此請比較對照次列各文獻關於古代之輪作法尤其總論三圃式農法形態之輪作法之諸報告：休威茲著下亞爾薩斯之農業記載 (Beschreibung der Landwirtschaft im Nieder=Elsass, Berlin, bei Reimer, 1816.) 第一七〇頁以後。及氏所著關於巴拉丁納人之農耕觀察（Beobachtungen über den Ackerbau der Pfälzer. Berlin, beia Reimer, 1813.）與實際的農業指針第一卷(Anleitung zum Praktischen Ackerbau, I. Band, 4. Aufl, Stuttgart und Angsburg, 1857.）第五一三頁以後及五四〇頁以後。漢森(Georg Hanssen) 著農業史論考卷一 (Agrarhistorische Abhandlungen, Bd. I, Leipzig, bei Hirzel, 1880.)，第一七一頁以後。克萊孚斯基之上亞爾薩斯州亞爾特克希郡之農業（Die Landwirtschaft des oberelsässischen Kreises Altkirch, Berlin, bei P. Parey, 1905)，第二〇〇頁以後。又氏所著之亞爾薩斯洛林之農業經營組織(Die landwirtschaftlichen Wirtschaftssysteme Elsass=Lothringens. Gebweiler i Elsass, bei J. Boltze, 1914)，第三三三頁以後。

第三節　唯理主義(Der Rationalismus)

吾人已略述與塔爾同時而起之科學的農學，爲啓蒙時代之所產，尤其爲於此時代出現之唯理主義之所產。塔雅業，塔爾及與其同時代之許多人士，乃唯理主義者。塔爾最聚精匯神之著作，以「合理的——唯理的——農業之原理」而標題者，決非偶然之事。又由於塔爾等所創始之學派，呼之爲「唯理主義學派」（Schule der Rationellen）者，亦非無理由也。哲學上之唯理主義與農學上之唯理主義學派，雖於其名稱上相類似，然而於農學與農業史之著述，則卻未注意其中之明白關係。(註)斯果何故使然耶？實亦不難瞭解。今日之農學，幾乎其全部，猶爲唯理主義者，我最大多數之農業研究家，雖個人並未自覺，然其思想，則固係唯理主義者也。本書之主要目的，在於闡明此重要而且全被忽略之事實，以研究農業上之唯理主義，其果至於如何程度而始妥善耶？於茲權以此歷史的敍述之章，先簡略說明哲學上唯理主義之成立及其一般之意義。

（註）高爾玆於其由上下兩卷而成之浩瀚著作德國農業史中，祇無非於一處而且僅僅一句敍及哲學上唯理主義與農學之關係。卽於第二卷第三十八頁，敍述塔爾於一七七六年八月，以兩日之時間拜訪萊興（Lessing）之事實有言曰：「於其天賦之才能，於其討論人類深遠問題之見解，兩者——萊興與塔爾——實大相類似，且又一致。斯二人，誠爲最上意義之唯理主義之優秀代表者。」

在啓蒙時代，曾努力於扶助理性及判斷力之健全發展，而由獨斷之桎梏以求解放。所謂返諸「自然」，順從健全之人類理性是也。於哲學，(註)神學，教育學，法學，以及其他關於人類知識之許多領域，雖其程度有多少之不同，然而唯理的見解，則終屬占有優勢。雖然，其絕非爲所有之學者悉相一致也；反之，尋於學者間多見其互相論駁，呈示其見解之互異，程度之差別；與意見之混雜耳。是故關於唯理主義，於玆詳細記述之，乃不可能。無已，爰僅敍述其一般的見解。

（註）哲學上之唯理主義，已創始於萊波尼玆(Leibnitz)，烏爾夫(Wolff)與其他之老哲學者。

於哲學神學及與此相關聯之學問，其專爲打破獨斷而努力者，已如富爾泰萊(Voltaire)之所述。事物限於其可能，決試行其『自然的』之說明。——於自然神論，近時曾用『自然的宗教』之語。——從來之社會道德與宗教，以其反自然的而非難之——盧梭(Rousseau)之崇拜自然——。哲學之理論，試行其平易化，使之適合於普通人類之理性，盡量導致其有益，以增進人類之福利。如斯之通俗學者，例若呼爲『啓蒙之酒保』之尼克賴(B. Nicolai)與閔德生(Mendelssohn)等屬之。然而此種實利主義的通俗哲學的努力，卻往往墜入平凡乾燥無味而且淺薄之結果也。

於神學，曾有對天啓示現與不可思議之反抗。所謂不可思議之事物，由於物理電氣與化學等而可以解釋其理由，或祇以無誤之傳說而領悟之。宗教亦益化爲依據理性而解釋之事實，且更爲有利於增進人類之福利。於教會，唯理主義之牧師，其以純實利的事項，如種痘之利益，產婦之看護法，家畜之飼飼法、羊之飼養及其他類似如此之事項而設教者，實數見不鮮。雖然，如斯唯理主義之教理，不必與一切之新教神學者相合流，神學上唯理主義之反對者，曰超自然主義者——超自然主義（Supranaturalismus, Supernaturalismus）——（註）

（註）神學者徐賴馬賀（Schleiermacher），反對唯理主義之立場而採取空幻的歷史的之觀察。

在教育學上，與神學之實利主義的唯理主義相適應者，爲博愛主義——「自然的教育」——巴在道夫（Basedow），薩爾茲曼（Salzmann）——

在法學上，反對沿革的發展造成之歷來既成法，而勃興所謂「自然法」法蘭西革命之人權說（droits de l'homme），卽同此意義者也。

國民經濟學者——重農學派與古典經濟學派——，亦稱述其國民經濟事項之「自然的」法則之理論，卽所謂自由放任主義（Laissez faire, Laissez passer）是也。關於歷史的發展之國民經濟制度，殆不承認其價值。

至於自然科學方面，其可舉以爲例者，則爲出現於最近時代卽十九世紀中葉之生理學之唯理解說。此即以機械的說明，而解釋一切生理現象。雖然，斯種說明，因其非真以根本的研究爲基礎，故其後所發表亦無非爲表面的說明而已。

唯理主義，於其本質上，原係反歷史的。啓蒙由於『超越時間之理性』之作用，『否認文化之歷史的基礎，而代之以唯理的基礎。』——奧根（Eucken）——唯理主義，對於實際現象之複雜多歧性，歷史的發展之必然性，合目的之適應性，與其他之歷史的成立之固有美等，幾乎大部或全部弗能理解也。『若一排斥歷史的立場，則思想界其爲如何之異常貧弱，啓蒙時代之狀態，實最明白表示之。』（註）——奧根——

（註）奧根(Rudolf Eucken)著歷史哲學(Philosophie der Geschichte. in "Systematische Philosophie", Teil I, Abt. VI, aus "Die Kultur der Gegenwart" 2. Aufl, Berlin und Leipzig, bei Teubner, 1908)。

唯理主義，對歷來酣睡於獨斷及傳統桎梏下之一切能力，必須以其全力而喚起且活躍之。唯理主義及多少與此有深邃關係之自然神論並自然主義，其歷史的使命亦在於斯。此種思想，於法蘭西革命，實具有異常重大之準備功用。且縱使其影響要部分的過重之評價，然斯亦究爲明顯之事實。誠然，唯理主義本具有許多之優點；但唯理主義，究亦過高評價其自身之意義，與其所特有之認識能力。因是，其見解過於樂觀，而甚少準諸實際。故唯理主義之哲學，一向無深遠之意義，而僅見及事物之表面者，實不勝其夥。唯理主義，於許多時節，對於詩之美或對於新鮮堅韌與生氣，甚少具有理解。唯理主義，乃空虛、無味、平凡、淺近、與小學教師的徒欲多事解說，其所竭力經營者，爲極其巧利實利與非歷史的。

如後章所明示，農學上，現猶殘存唯理主義。無待論，吾人對唯理主義見解予農業以幾多有利影響，原不欲加以抹煞，惟其偏於此種見解，則又弗能否認。且唯理主義之此種缺陷，即在與吾人有關之專門學現時猶可明白認識也。於其他之各種學問，可知已與農學不同，即片面的唯理主義的見解，已久被拋棄，而其於今日，亦無非爲一被征服之歷史的階段而已。

第四節　徐威茲

徐威茲 (Johann Nepomuk von Schwerz 1759–1844)，係與塔爾同時代之人，與其同被

稱爲農學之古典的學者。雖然，其所行之學問上之路線，則與塔爾相距甚遠。徐威茲之思想，普通雖稱之爲屬於『經驗的唯理主義學派』(Schule der Empirisch = Rationellen)；然而其本質，若祇以此語言之，則究弗能十分表現也。

徐威茲雖於過去曾屢屢談及，且於將來恐亦不斷引用；然而其思唯法，則卻往往爲人誤解。斯果何故耶？良以徐威茲之考察農業也，避免理論的唯理主義的方法之採用，而代之以經驗的實證的見解之施行。雖然，吾人如思及非惟與彼同時代之人士，多囿於唯理主義的考察方法，而且卽今日之農學，猶主要依據同一之立場，則徐威茲之所以往往遭受偏頗批評之事實，殊可充分而理解之也。徐威茲，若依吾人之所見，其至少亦與塔爾爲同其資質之人。彼之農學上方法論之見解，大部分與吾人之見解相同。

吾人如限於依彼著作而判斷徐威茲，則知其非惟不直接反對塔爾之唯理主義的見解，且反爲與彼同時代之其他人士相等，乃塔爾之最大稱贊者。雖然，彼之學問記述，則固不同耳。若僅就表面而觀察之，徐威茲之著作，其較諸塔爾不同者，在於前者對農業之經驗的研究，遙較塔爾承認其巨大之價値，故其結果——此爲相對關係者——，寧係排斥唯理論之要素。然而斯非必由於個人之嗜好而來者，實乃有其由來之必然根據。彼於其著書下亞爾薩斯之農業記載（Beschreibung der Landwirtschaft im Nieder-Elsass, Berlin, bei Reimer, 1816），據楊雅素言『基於事實之學問，其始卽非欺瞞者，始爲確實造成關於農業之學問之唯一基礎』爲原則，而揭示之於卷首。徐威茲，對此格言及具有與此相類似之特色之格言，頗爲利用之。彼曾如次着想：關於農業之學說，大部係不確實。學說雖正誤參半，然而吾人弗能得其明白之判斷。反之，基於吾人經驗所確定之事實，始爲吾人關於農業認識之唯一確實者。是故其唯斯種事實，始誠爲農業者欲立於鞏固基礎之上時所必須首先依據者。因之，吾人須先以經驗的研究農業，不基於學說而根據事實以考察農業也。

似此，徐威茲以純樸發見者之歡忭，亙數十年之久，百折不撓，而努力於從一般實際農業以蒐集事實。彼於從事此種工作之期間，曾不斷注意各國與各地之種種農業經營組織，種種之耕種次序，作物栽培與家畜飼養之方法等，承認其既非爲人類任意決定之，亦非爲理論的製就之，而實係歷史的成立者，或於某種意義，其實爲自然其物之一齣。不寧唯是，更進而對如斯各種現象之背景，注意於其遠較最初所想像者爲多之合目的性與適應之隱蔽。於是農學之重要任務之一，在於充分注意歷來完全不承認其意義之此種事項，而詳細的如哥德 (Goethe) 之所謂客觀的且明確的記載之。

徐威茲爲如斯之記載，曾旅行各地，既以其自己所有之包括的農業實際知識爲基礎，更以於各地以深刻之注意與質疑所得者及由目擊所得者爲依據，而記述此各地方之農業。似此，徐威茲實爲農業地理學者。其最初之鉅製，所謂比利時之農業 (Anleitung zur Kenntnis der belgischen Landwirtschaft. 3. Bände, 1807, 1808 und 1811)，實一舉而使彼成爲有名之學者。塔爾與周諾，非常稱讚此著作。其後徐威茲更以同等優秀之手筆，而記述下亞爾薩斯之農業，普法爾茲 (Pfalz) 之農業，西法倫 (Westfalen) 與萊因普洛士 (Rheinpreussen) 之農業。此外，別復關於農耕著一體系之教科書。

徐威茲，亦與塔爾相同概觀農業之全部領域。基於經驗的彼所知悉的事實之材料，恐較諸塔爾更形豐富。彼於經營組織——土地利用之方式——之領域，爲異常優秀之大家。彼於此方面，固不待言，卽於其他方面亦蒐集異常豐饒之事實的材料。徐威茲之著作，對於專門農學者，農業史家，文化史家，經濟學者，地理學者，農家研究者，農業植物學者，農藝化學者及其他許多之專門家，實爲雖汲亦不能盡之研究資料之源泉。

徐威茲之研究，雖如斯爲一般所承認；然而輕視其價値之論調，於他方亦非無其人也。若干之學者，曾爲寓意的敍述，謂徐威茲雖具有關於實際農業之優秀知識，然而其非爲具有異常透闢之思想家。

卽漢森(Georg Hanssen)於其所著之農業史論考 (Agrarhistorische Abhandlungen, 2 Bände, Leipzig 1880 und 1884)，雖頗多取材於徐威茲，然其中曾敍述徐威茲對其自身最初所記載事項之偉大農史的意義，毫未正當加以認識。因漢森之研究，亦係確實著名者，故其他之學者，遂一字不易而引用其言。雖然，其讀徐威茲之著作者，必深感此種非難之不當也。若依吾人所見，漢森卻亦有可非議之點。徐威茲於兩種重要學說，實着漢森之先鞭。而且漢森雖非常知悉徐威茲之大作並熱心研討之但其未將如斯之事實傳於自己之讀者卽徐威茲於較漢森——或羅夏——遙早以前曾倡言在德國三圃式農法之前先有原始的穀草式之農法；更有指摘特里爾式（Trierschen）之莊園，對於土地總有權說具有重要之農史的意義者，亦爲徐氏而非漢森。

高爾茲於其所編輯之農業全書（註）第一卷第二十六頁曾有言曰：『彼——徐威茲——非爲如塔爾之具有透闢之組織的思想家，故對於農學上之學說樹立亦祇予以極少之影響。然雖如此，其於革新農業之實際上，則影響殆不下於塔爾也。』

（註）參照農業全書卷一中之農業史及農學之科學的舊逃（Handbuch der gesamten Landwirtschaft, Tübingen, bei Laupp 1899, Bd. I, Abschnitt: Geschichte der Landwirtschaft und wissenschaftliche Behandlung der Landwirtschaftslehre）。

高爾茲雖以徐威茲爲非如塔爾之透闢思想家，然而斯種事實，亦徒表示彼自己與其他之許多唯理主義者相同未能十分把握徐威茲之見解。高爾茲未注意以其立場係立場，故徐威茲與塔爾完全不同，寧係根據哥德之哲學，因而亦爲避免如塔爾之以唯理論的進行其研究。此絕非由於如高爾茲所見之思考力與創造力之缺乏，而實係因彼自身認爲唯理主義之抽象的理論之構成，絕無資於農業之正確釋明之見解也。於各自然科學尙未甚發達之時代，徐威茲巧行避免腐植質說之表面說明與茲草價値算定等之煩惱者，殊屬得當。經驗的研究，爲徐威茲之根本的而且實現哲學反省之結果的立場，乃彼所特別偏愛者。非惟此也，徐威茲對於歷史的成立現存農業之地理的順化現象，具有異常活潑之興感。不理解歷史的發生之世界，正爲唯理主義之弱點。雖然，徐威茲之見解，實未若塔爾式唯理主義之易爲世俗所接受。

倍倫哈得（Bernhard）於其非常有益之論文科學之農業地理學（Die Agrargeographie als wissenschaftliche Disziplin）（註）中，關於徐威茲曾如次述：『徐威茲之研究，係以其許多旅行所蒐集之獨自觀察爲基礎。彼之報告，對其所旅行各地之實際農業，盡其見聞之所及，一切悉行網羅而記載之。雖然，彼未以如吾人今日之地理學的意義而觀察農業，故於其論文，泰半包括有囿於技術的之記載。彼雖曾記載一定地方之農業事情，然而於其地域的差異之說明，則多未具備也。』

（註）見佩特曼地理學報一九一五年第一・三・五及六各號(Petermanns Geographische Mitteilungen, 1915, Nr. 1, 3, 5 und 6.)

『徐威茲於其著書，每於敍述農業生產之先，常記載該地之自然狀況；然彼果充分把握農業之地理的條件與否？吾人實不能無疑也。……若徐威茲正確理解自然條件之差異，則其應注意農法之地域差異之必然性。』

由於右述，吾人得下一結論曰：倍倫哈得未能正確傳述徐威茲之研究。對於農業之眞正地理學的研究方法，徐威茲正開拓其新生面。彼於許多之農業地理的敍述——如讀比利時之甜菜栽培，下亞爾薩斯之耕種次序及其他之諸多作品等，卽可明瞭。——實呈示其古典之模範。對地理環境所及於農業之影響，其如彼之至能感覺者，殆無其人焉。

第五節　居能

徐威茲雖與塔爾爲同時代之人，然居能 (Joh. Heinrich von Thünen 1783-1850) 則與

塔爾有師生之關係。屠能於其方法論上，實採取與塔爾及徐威茲完全不同之進路。屠能與斯二人之比較，完全不成問題，彼與其學說，實完全占有獨自之地位。彼之主要功績，在於明白樹立獨特而且非常獨創之研究方法，即理想的『孤立國』之研究方法。屠能之研究方法，實完全爲抽象的數學的，而且爲許多頗堪驚異之着眼，故一舉而予農業經營學中最重要問題，尤其關於農業集約度之變化之說明。屠能於其富有創造力之天才，於其擁有新穎之思想，殊爲其他之任何農學者所不許追隨。斯種事實，徵諸關於屠能文獻爲異常之多，且於今日殆亦逐日增加之事實，即可首肯。

惟雖如是，屠能絕非爲世俗所能瞭解之人，且即於將來，亦必若此也。加之，其學說頗爲難解。蓋欲理解屠能之學說者，必須預先具有偉大之抽象能力；然而如斯事實，則非必任何人之皆爲可能。且不寧唯是，孤立國之記述與說明之方法，實需要讀者精神之非常緊張。故置身屠能之著作研究而摘取其抽象法之要領，殊屬異常困難。屠能之集約度學說——予之所謂——（註一）爲重要性，現時猶未被各方所充分認識者，蓋以其鉅製有如斯特色之故也。屠能之學說，非惟經營學之舊日教科書，即於完全一新之教科書，亦有毫未予以刊載者。且依吾人所見，此屠能之學說，實爲經營學全體之中心。『屠能之集約度學說，於歷來所有農業關係學說之中，乃一般的理解農業之最重要者。其似此至能說明且理解農業特徵之學說，於今日以前尚未見及也。屠能之集約度學說，其在農學中之地位，猶如牛頓(Newton)引力說之於天文學，分子說之於化學，或達爾文主義(Darwinismus)之於生物學也。』(註二)

（註一）參閱克茲孝斯基之農業及自然科學論叢中之一論文「關於屠能集約度學說之數學的考察」(Kleine Abhandlungen aus dem Gebiete der Landwirtschaft und Naturwissenschaft, Winterthur 1900. Darin die Abhandlungen: Mathematische Betrachtungen zur Thünenschen Intensitätstheorie)。

（註二）在克茲孝斯基之屠能之集約度學說及其文獻考證(Bemerkungen zur Thünenschen Intensitätstheorie und ihrer Literatur. Fühlings Landwirtschaftliche Zeitung, 1901, Nr. 18, 19 und 20)中引用。

屠能於少年時代，至少亦部份的懷有『孤立國』之思想。彼尙爲漢堡(Hamburg)附近之富洛特倍克(Flottbeck)農業學校之學生時，年齡雖祇二十，即曾寫題名大富洛特倍克村之農業(Beschreibung der Landwirtschaft im Dorfe Gross=Flottbeck)一論文。彼之傳記作者蘇馬赫——查徐林(Schumacher=Zarchlin)，關此曾有如次之記述：(註)

（註）蘇馬罕——杜徐林著之屠能之研究生涯(J. H. von Thünen, ein Forscherleben. 2. Aufl, 1883)。

屠能於此論文，曾謂在與大都市遠隔之農場，因購入肥料不便，故必須以自給自足主義而自立；然反之如居大都市之附近，則以生產物之販賣與肥料之購入，皆輕而易舉，故農業者概處有利之立場。更繼謂『假如於直徑四十哩之地域之中央，有一大都市，此地域之農產物僅販賣於此都市，而且此地方之農業爲最高程度之發達，則此都市四圍之經營組織，可以分爲四個階段。』由是彼依當時之見解，畫一同心圓，而記述各圈內之代表的經營形態。由此說明，吾人可以想像屠能最初擬定其所謂孤立國之中央都市者，實乃漢堡也。所謂『孤立國』之表現，若由前揭之傳記，非爲屠能自身所創造者，而實係發端於其義兄弟之布特爾(Christian von Buttel)。屠能則首依其觀念意義，而取『理想國』之表現。

對當時之唯理的啓蒙的思潮，屠能亦有其貢獻。彼曾樹立今日經濟學者所反對之『自然工資』之概念，因是而製就特殊之數學公式。此概念，以其表現言之，足可思及其已與『自然法』『自然教育』『國民經濟之自然統制』等有相同之處也。

狐立國之內容，無論其過去抑現在，皆遭受許多之誤解。尤其屠能之研究者，往往錯誤解釋之。屠能自己曾謂由於羅夏，而自身始被正確解釋。（註一）以余所知，屠能之學說，於羅夏所著農業之國民經濟及其相類似之原始生產（註二）中，實為最善之解說。當吾人進行此種研究時，以斯書於此根本觀念為重要，且於方法論亦頗優越，故宜時時參閱之也。因是吾人對於欲明屠能學說之人，無論其為誰，願先推薦能適切闡明其梗概之羅夏之著書，然後再讀難解之屠能之原著可也。

（註一）羅夏之論文關於耕種式之政策及統計(Ideen zur Politik und Statistik der Ackerbausysteme)，載一八四五年經濟學論集（Archiv der Politischen Oekonomie, 1845.）。

（註二）Roscher, Nationalökonomik des Ackerbaues und der verwandten Urproduktionen. 版數甚多，最近出版者，係由達德(Dade)博士之補說而發行者。

余觀羅夏於其著書中，以農產物與其他之價格不同，而其集約度亦顯然相異，曾以數字圖表例示之。因而於一九〇〇年，使用總收益曲線與純收益曲線，而以圖表表示其關係。其後此圖表之說明法，殆未加若何之變更，而為許多之經濟學者所採用。(註)

（註）此種方法，最初發表於拙著農業及自然科學論考（Kleine Abhandlungen aus dem Gebiete der Landwirtschaft und Naturwissenschaft. Winterthur 1900）中，參閱其中之一論文關於屠能集約度學說之數學的考察（Mathematische Betrachtungen zur Thünenschen Intensitätstheorie）。於此以前，即一八九五年，克勞森（Clausen）曾於農業時報第三十二號述此方法之大要，惟非予以詳細之解說，而祇略示其萌芽而已。余於茲應進斯種研究者何耶？蓋以克勞森之敍說，由始終爲細微之記事而成，徒無非於此加以唯一且甚簡單之圖表耳。因而其與余之詳細數學的解說，實完全弗能比較。除右之外，尚有余之論文屠能之集約度學說與其文獻考證——前揭——，亦爲討究方法論者。此論文，於某意義，實爲余先所發表之論文之續編。他若克萊梅（Krämer）之瑞士農業之現狀與目標（Stand und Ziele der Schweizerischen Landwirtschaft, Frauenfeld 1904.），克勞森之農業經營學之一新教材（Ein neues Lehrmittel in der landwirtschaftlichen Betriebslehre, Landwirtschaftl. Schulzeitung 1905, S. 353-356.），布林克曼（Brinkmann）之農業經營之集約度與收益度（Ueber Intensität und Rentabilität des landwirtschaftlichen Betriebes, Fühlings Landwirtschaftliche Zeitung, 1910, S. 465 ff.）等，亦皆曾論及此問題。

第六節　由塔爾至李比西時代之其他農業研究者

塔爾與李比西之中間時代之其他農業研究者，除右記之外，於茲概括敍述之。惟吾人自己尙未讀此等人士之著作，而且關此爲哲學研究之農業文獻史，現亦復闕如也。

於玆爰簡單一舉之。考配（Koppe 1782–1863）之主要著書，有關於耕種及養畜之教育(Unterricht im Ackerbau und in der Viehzucht)，布格(Burger 1773–1842)之主要著書，據高爾玆謂有農業教科書(Lehrbuch der Landwirtschaft)，又如布洛克(Block 1774–1847)爲農業經營學及評價學之研究者。此外，尙有徐馬爾玆(Schmalz 1781–1847)，徐外特茨（Schweitzer 1788–1854)與烏爾芬（Wulffen 1758–1853）等。此最後之烏爾芬，以研究農業靜學——基於腐植質說——而著名。

最後猶可得而舉之優秀學者，爲以葡萄作研究者之布洛勒（Bronner 1792–1864）彼曾旅行各地與各國，研究葡萄之栽培，而正確的記載之。同時，彼復注意許多有益之事實。例如彼曾獨發見土壤之吸收能力。彼觀察位於堆積廐肥之傍之井水，係屬純良者，以此爲基礎，而確定彼之有名實驗。即試行通過土壤與砂而濾液肥，以確定濾過液之殆爲無色無臭。且布洛勒早於李比西之先，而反對腐植質說。彼曾注意於許多之葡萄山，其包含於土壤中之腐植質異常微少，且生於此之苜蓿，每年均刈而載諸堆積如山之車中以運去之，因而指摘由此極少或完全不存在於土壤中之有機物，弗能構成如此其多之植物體質。布洛勒謂廄肥之效率大部分歸諸其中所包含之硝酸鹽。要之，得謂爲彼否定鑛物質對於植物營養之意義——彼與當時之其他許多學者相同，以鑛物質爲營養物吸收之刺激劑。——且無論如何，爲李比西之優秀先驅者。

第七節　李比西

李比西（Justus von Liebig 1803–1873）者，其在農業史上，實與塔爾並駕齊驅爲人所熟知之名字也。世人以彼爲促農學之進步，而認其他學者，殆難與之比肩，亦數見不鮮。斯蓋無論如何，可知李比西實以異常雄辯而且以最深印象頗能徹底之方法，以說明其學說也。至其見解，歷悠久之時間，而影響於農學之全體，而支配於農學之全體，抑不寧唯是，其部分的雖於今日猶復支配之也。此李比西之農業書之哲理，率視之爲農學一般之基礎哲理，而且即於今日，猶部分的如斯視之也。

李比西之所述，其非常有利於當時之農業學說與實際，自無疑義。惟於他方，其顯著偏頗於哲學的及方法學的研究，則亦弗可忽視。關於農業視爲唯一主要之唯理的觀察，至李比西實達其最高潮，因是於他方面，其亦暴露此種理論所特有之一切缺點。

李比西之學說，本爲一般所熟知，且復咸予以承認，故關此無辭費一言之必要。(註) 於茲吾人覺有興味者，主要爲其方法論上原則之問題。若以吾人觀之，此點正爲李比西流之研究弱點。因是吾人以下實不得已主要至立於與李比西相反對之立場；雖然，此絕非欲對彼之功績加以些許之損傷。彼之功績異常堅固，任何人亦弗能敢予以損傷也。雖然，對於偏重崇拜李比西之農業哲理——卽至今日，猶不絕有如是之人。——，吾人則不得不極力反對之。本書之全部，係與偏重農業之唯理主義之立場相抗爭。且以李比西正爲此種立場之最有力代表者，由於其強大影響以壓倒其他之支派，而擴張其支配之勢力，故吾人於茲列舉李比西學派之有害方面，而喚起世人之注意者，亦爲不得已之要圖。

(註) 李比西關於農藝化學之大著化學與其對於農業及生理學之應用 (Die Chemie in ihrer Anwendung auf Agrikultur und Physiologie)，如人所周知，係一八四〇年刊行其初版，其後曾數次重版，著者於重版期中，兼部分的變更其意見。關於其詳，高爾茲之德國農業史第二卷中曾有說明，吾人於茲原祇以李比西學說之特徵爲問題，故省略其內容之詳細說明。爲予本書研究之藍本者，係李比西著書由曹萊(Zoller)發行之第九版——一八七六年版——。

構成李比西關於農業業績之中心者，爲鑛物質說之樹立。斯種學說，殆亦與其他一切重要學說所見者相同，乃按步逐漸而發達，終於至李比西而始巧妙完成一體系者也。據賈雅之卓越著書農藝化學教科書第一卷，（註一）謂邵斯樹（De Saussure）與達威（Davy），亦以灰分爲至少於某種情形，乃植物營養之所不可缺者。雖然，斯種主張，不必爲十分強固且得以實證也。最初決定的明爽使鑛物質說發展者，實爲司普林格（Karl Sprengel）。然而李比西於其著書中，對此先驅者司普林格，祇無非一遍的於一二處簡單敍及之而已，斯則絕非妥當。據賈雅之意見，關於鑛物質說，司普林格占李比西之先驅者地位，實無疑義。關於鑛物質說最重要之點，司普林格已早於李比西之先而說明之。（註二）惟其同爲兩者提倡斯種學說之基礎者，乃概括的判斷至實驗的證明，則司普林格與李比西皆未曾爲之，故其後始有實驗的證明。雖然，李比西——於茲據吾人所信賴之貫雅——實以較諸司普林格為技巧且印象的言辭而說明其學說，且李比西在當時已為一具有相當權威之化學者而馳名，故綜合此種一切事實，遂致使彼得獨擅其功名。

（註一）Adolf Mayer, Lehrbuch der Agrikulturchemie in Vorlesungen, Heidelberg, bei Karl Winter. 於茲為吾人之藍本者，係一九〇一年發行之第五版。

（註二）司普林格於次列之諸著述中，曾敍述其見解。即農業者林業者及財政學者之化學(Chemie für Landwirt, Forstmänner und Cameralisten. 2 Bände, Gottingen, 1831)，土壤學(Bodenkunde, 1837)與肥料學(Düngerlehre)等。

李比西嘗依其礦物質說而下結論曰：於土地完全不施肥料或僅施些許之肥料時，則植物之營養分，不得不招致其缺乏——掠奪農法(Raubbau)——故農業之主要任務，在於由作物之收穫而從土地所取去之營養分再補給之於土地。且此營養分之補給，若愈完全實行，則農業亦愈改良，即此始為一種合理的。中國人與日本人，以其對土地施予非常鉅量之肥料，且非常努力與注意蒐集富於植物營養分之肥料，故彼等所經營之農業，實為最優秀者。營養分保持論——靜學——支配李比西學說之一切，至其他問題，則於彼祇為具有次要之意義。故李比西卒至力言文明國民之衰微與滅亡，由於對土地補給營養分之不足，即施肥之不足——此即眞正爲唯理主義的而非歷史的見解之特色——。亦即某國民，對土地施肥若不充分，則其國民必逐漸趨於貧弱，終必至於滅亡。李比西以如此之筆法，一面說明過去羅馬帝國之沒落，古代希臘之衰亡，與西班牙世界帝國之毀滅；一面敍述中國與日本之所以長涉數千年之久而存續之原因。雖然，斯固至難首肯之說，經濟學者康拉得於其所著之關於地力消耗之李比西之見解一書中會論證其說之終難維持。(註)

（註）康拉得（Conrad）之經濟學綱領第一卷國民經濟學（Grundriss Zum Studium der politischen Oekonomie, I. Teil, Nationalökonomie）第八版，第三十二頁至第三十四頁參閱。

以方法論而觀察李比西，其第一特徵，即對於農業之觀察，偏重於自然科學的視點。固然，彼亦未必認爲其營養之學說可以解釋一切；但其卻相信關於農業之最重要且基礎的現象，若能簡略說明，則哲學的理解全體農業亦爲可能。然而實際上，即彼所解說之事實自身，亦爲由於純經濟的理由而使然；顧斯事實，彼則終不瞭解也。彼縱有時亦敍述如斯之事實，惟此究屬至少，而依自然科學之見地者於彼實爲唯一決定的解釋法、如屠能之集約度學說，其於李比西之頭腦中，則完全未存在也。關於此種學說，其在理解農業上爲如何之重要乎？爲如何之不可缺乎？彼則毫未予以意識。集約經營優於粗放經營者，祇無非爲相對的事實，彼亦不瞭解也。於生產物價格低廉，人口稀薄，與四圍自然情狀不良之時，農業者必須從事於粗放經營，因而如肥料，亦必些許施予或竟完全不予施肥，所謂如斯事實，彼亦不知。施肥不足——掠奪農法——之事實，彼認爲在任何情形之下，亦屬經營上之缺陷。與斯相同，若農產物價昂貴，氣候土質優良，且人口稠密，則集約經營，亦必自然發生，其結果，施肥量亦必增加，若此事實，彼亦不理會。李比西所讚美之中國人與日本人之多肥的集約經營，乃由於其人口稠密之結果，於事實與此相反之處，斯種方法，絕非適當。要之，以李比西關於農業經濟知識之缺乏之故，於茲其實顯然爲斯種學者之濫竽。雖然，以彼自身原非農學者而係化學者，且卽於農學者中，其今日猶不知屠能之學說者，殆亦非少數，故以此事實，殊得多少爲彼辯護之理由。惟是，其苟欲由廣汎之立場以批評農業，則對與此相關聯之最重要且最根本之學說，必須通悉者，誠不能不謂爲當然之事，卽斯乃專門家之當然要求。

雖然，以李比西爲博識而且多才之人，故對如斯之人，縱有若干之瑕疵，亦可得而忽略之。惟於其才能不及李比西之其後諸學者，當其從事關於農業之判斷時，效顰此有名之前輩，忽視經濟的方面一切悉由純自然科學之見地以評價者，實非適切。所謂忽視農業之經濟方面而僅偏重自然科學方面者，乃由李比西時代以訖今日所繼續存在之一顯明之弊病。如多數之農業研究者——此僅觀夫農業試驗場之農藝化學者，卽可明瞭——，實處於特別專積純化學之素養於自然科學知識以外，殆無何等之準備，而卽從事農業研究之狀態。對於歷史的經濟的考察方法，彼等可謂完全盲目也。

李比西於其推翻塔爾之腐植質說，而代之以樹立其鑛物質說之意義上，確係與塔爾立於反對之立場。雖然，研究家之塔爾，乃李比西之所非常尊重者（註一）於以唯理主義解釋農業之點，李比西非惟與塔爾完全一致，而且彼實爲較塔爾彩色更形濃厚之斯派代表者。蓋塔爾雖爲唯理主義者，然非若完全不顧其他學派之極端偏頗者。塔爾之由自己爲農業者所得之各種實地經驗，對彼自身至少於若干之程度，爲其科學知識之基礎。徐威茲之諸著作，雖與彼立於完全互異之立場而記述，然彼卻異常推崇之。於承認農業之經濟方面之重要性一點，彼雖不及其弟子屠能，然而彼尙對此予以相當重大之注意。（註二）惟其反此，於李比西之觀察農業時，則偏驅於自然科學之一途，而祇注意及唯理主義之論點。甚於歷史及經驗所成立之農業經營，於彼究爲缺乏其價值者，且根本卽不予以承認之。與其他一切之唯理主義者相同，對所謂歷史的成立之事實，殆不理解也。是故農業者，必須熟慮於唯理論且準照因果之自然法則而活動。傳統與經驗，其在李比西無非視爲無用且有害之贅疣。農業者有由傳統桎梏完全解放之必要，彼非惟與塔爾相同，而且更較塔爾極力提倡之。所謂農業者皆通一般均能自己認識批判農業上一切事項之發生原因，彼以爲斯乃自明之理，乃先天的規定之本能。如斯之農業上認識能力，果否爲一切人士所具有？此種疑問，彼則完全不曾想及。所有之歷史的發生事項——且此農業，顯然爲歷史的發生之一業務。——，本有至深之意義，乃歷史家非常明顯之命題，彼亦一向不明瞭也。歷史的生成物，乃係適應周圍之情狀者，彼亦不之知。蓋由唯理主義的論理的所構成之農業，於彼實爲至有價值之唯一理想型。

（註一）參閱塔爾之合理的農業之原理之新版——一八八〇年——中塔爾傳記，第三三至三四頁。

（註二）參閱査徐林之塔爾之研究生涯，第二版，一八八三年。

第三章　營業之農業與自然現象之農業

農業之不可缺性

塔爾於其所著合理的農業之原理之開端，曾謂『農業者，乃由於生產植物的物品與動物的物品——有時且予以加工——以收得利益或獲得金錢爲目的之營業也。』

塔爾於農業之實體的定義，乃單純置諸與人類其他諸營業之同列。同時於此定義中，亦包括農業之生產，係爲一切經濟原則所支配之意義。何以故？因農業若依塔爾之意，乃以『收得利益或獲得金錢』爲目的也。是故若僅以自然科學，則不能理解農業，同時對於經濟學，亦必需理解。此塔爾所下之農業定義，比較其後昆恩（Jul. Kühn）所下之定義，卽以農業爲培養生物之生理學及生態學，實爲異常之優越。昆恩定義之本身，無待論，弗能認爲其無意義，惟其殊有異常偏重自然科學而忽視經濟學要因之嫌。此或恐於當時之農學各方面，以李比西式之自然科學思想爲最有

力之支配，致驅使昆恩下如斯富有含蓄然而偏見的之定義也。(註)

（註）參閱瓦矣斯特拉特(Waterstradt)之農業經濟學(Die Wirtschaftslehre des Landbanes, Stuttgart bei Engen Ulmer, 1912)第三——四頁。昆恩雖屢次反覆強調農業係於收益學之立場而運營之事實；然而彼依下以農業爲培養動植物之生理學及生態學之定義，且此與彼研究農學上之一般態度相似，實可明白窺知彼認爲農業，主要係自然科學之應用學。此外，尙可參閱其所著之哈萊大學之農業研究 (Das Studium der Landwirtschaft an der Universität Halle. Halle 1888)。

似此，若據塔爾之定義，農業實以收取利益或獲得金錢爲目的之一營業。關此塔爾於其著書第二節中，曾更詳細說明曰：

『此種收益，若愈能繼續的增加，則此種目的，亦愈可完全達到。是故所謂最成功之農業者，實爲比較其財產能力與其他之一切，儘量繼續的由其經營以獲得最多之利益。』

『農業之目的，非爲儘量生產最多之物品，而係扣除其費用後儘量剩餘最多之純收益——斯二者時或立於互相衝突之關係——且更由社會一般最大福祉之立場觀之，此點亦必須如是。然而於現在事實之下，所獲得之利益雖少，惟爲研究而欲儘量收巨額之生產時，其對此則爲唯一之例外』

塔爾之見解，極穩健而明瞭，(註)尤其彼以爲雖得巨額之總收益，然若由於不平衡投放巨額費用而獲得，則殊宜排斥之，實乃重要之點。關於農業，往往祇不當讚美高倡巨額總收益之傾向之學派，殊非少數。『農業總收穫總屬巨額，然若其由於支付比較甚大之犧牲而獲得，則此收穫之增加，其對於國民經濟實無何等之利益。例如由改良經營而縱增收五〇〇公斤之穀物，然若當其改良之局之農家，一方亦消費其倍額之價值，則斯種改良，由國民經濟觀之，其實無何等之用；尤其農家於此期間，若更得於其他方面爲較生產的工作，則愈不得不謂爲如此。』——勞爾(Laur)——

(註)亞爾波(Aereboe)於其所著之農業經營學(Bewirtschaftung von Landgütern und Grundstücken, Berlin, bei P. Parey, 1917)第一編第五——七頁，曾謂塔爾之見解不妥當。彼謂農場經營，在自然經濟社會，本祇以扶養經營者與其家族，或滿足其需要爲目的，而非以獲得利益爲目的。不寧唯是，卽於國民經濟爲高度發達之時，自給自足，常占農場經濟之重要部分，尤以於小經營爲然也。

似此，塔爾之見解，實可仍其原狀而首肯。雖然，所謂『最初多少視爲簡單明瞭，而實際則異常複雜者』，於此亦可適用之；且非惟此，今後猶屢屢重複如斯之經驗也。

不爲何等所囿之人，若觀及塔爾之定義，無論如何，彼將解釋之爲所謂農業經營，若予農場主——於茲簡單謂自營之時——以愈多之利益，則其亦愈爲完全者。雖然，對如次之疑問，亦必立卽而起。卽所謂利益者果何意義乎？農場經營之純收益又爲何物乎？原來所謂純收益者，其果具有如何之意義乎？其僅爲對於農場及農場資本之利息？抑或更加之以經營者之勞動報酬？卽農場所有者之總所得？然而塔爾之敍說，可知實爲所謂『利益』者，乃指農場主之全體所得而言。

最後猶有問題者，農業之國民經濟意義，果僅當以農場主——自營——所得之多寡而決定之耶？

關於此等事項，明確其學問上之解釋者，爲勞爾及其他人士之功績。（註）勞爾會謂繼續的發得最大之利益者，實爲農業經營之目的。然而由農場以取得利益者，則非僅農場主一人而已，尚有其他之人士。於是勞爾乃用由農場經營所得之『國民經濟所得』之概念。不待言，農場主自身，以由其農場取得巨額之個人所得——地租，勞動報酬，有時更爲企業者利得——爲目的。惟其由農場以取得生活之資者，則非祇農場主也，如勞動者固亦若是。又於農場借款之時，債權者亦必分配其利益；更有國家以租稅之形式，而參與農場之利益分配。總括如斯之各種收入，勞爾稱之為由農場經營所得之國民經濟所得。依勞爾之意見，農場經營，若其所得之國民經濟所得愈大，則其對於國家全體，亦愈為有利。

（註）參閱勞爾所著之由農業所得之國民經濟所得（Das volkswirtschaftliche Einkommen aus der Landwirtschaft. Thünen Archiv, 1909）第三二八——三五三頁。此為勞爾之論文。他若勞爾之小農經營學（Landwirtschaftliche Betriebslehre für bäuerliche Verhältnisse），於茲所引用者，係該書之第三版（Aarau 1909），參閱其最後一章。——若予之記憶無誤，則指稱由農場所生之國民經濟所得與私經濟所得之不同之經濟學者，恐於勞爾以前即有之。

由一經營所生之國民經濟所得，據勞爾之分類如次：

一　經營者之所得

1.　基於勞動之供給者（勞動報酬）

2.　基於資本之投放者（利潤）

二　被傭者之所得（工資）

三　資金供給者之所得（利息）

四　國家之所得（租稅）

「此外，如職工由於依據契約爲農業經營者工作而發生之所得，商人由於與農業者之交易而所獲之所得，亦可包含於其中。然而此以計數算出之，其非爲不可能，卽係極爲困難。職是之故，於茲不必予以揭載也。」

此勞爾之見解，足使吾人完全同意。

勞爾於其每年所發表之關於瑞士農業收益率之研究，（註一）曾以許多之簿記決算爲基礎，而計算瑞士農場之國民經濟所得。彼由於廣汎之數字材料，而證明基於農場大小之每法畝之國民經濟所得與其他關此之若干法則性。雖然，詳細討論此種問題，則非本書之目的。（註二）

（註一）Untersuchungen betreffend die Rentabilität der schweizerischen Landwirtschaft Herausgegeben vom Schweizerischen Bauernsekretariat in Brugg. 係年刊。

（註二）關此可參閱 Thünen Archiv 所發表之勞爾之前記論文。

以上吾人會以農業為一營業。然而農業實非僅營業，同時亦為一自然現象。即農業亦可觀之為人類與栽培植物及家畜之共生。

就歷來吾人所知，最初倡導如斯之見解者為誰？現猶未決定也。雖然，此種見解，其於某程度，可知首先表現於躑盧(Zücher)之動物學者克萊(Conrad Keller)所著之公私教育用動物學要義(Grundlehren der Zoologie für öffentlichen und privaten Unterricht, Leipzig, Wintersche Verlagsbuchhandlung, I. Aufl, 1880, 2. Aufl, 1887. 參閱第二十節)中。(註一)然而克萊於其著書中，雖會謂家畜對於人類之關係為共生，惟關於栽培植物與人類之關係，則並未論及。其次予於一九〇〇年之農業及自然科學論考(Kleine Abhandlungen aus dem Gebiete der Landwirtschaft und Naturwissenschaft)第七頁中，完全於共生概念之下，以說明農業——人類與家畜及栽培植物之關係——。他若與此殆為同時格拉徳曼(Robert Gradmann)，於其所著之徐外伯山地之植物生活(Das Pflanzenleben der schwäbischen

Alp)——一九〇〇年發行第二版，第一卷第二一七頁；一八九九年發行之第一版，不能購得。——中，亦曾發表相同之見解。一九〇一年，予更於特殊論文農業即共生(Die Landwirtschaft eine Symbiose)（註二）中，研究此命題，詳細予以論證。由是以觀，可知如成為懸案之各學說時所屢見不鮮之許多研究者，於某種程度互相獨立而到達同一之見解。

（註一）參閱克萊之農業中之動物界(Die Tierwelt in der Landwirtschaft, Leipzig,1893)之緒言。

（註二）克玆茅斯基之農業即共生，最初發表於 Fühlings Landwirtschaftlichen Zeitung 一九〇一年第八號，後更採錄於其所著之農學註解 (Bemerkungen Zur Landwirtschaftslehre, Mülhausen i Elsass, Kommissionsverlag von W. Bufflebs Buchhandlung-Georg Philipp-1902) 第一册。

巴利所倡導之共生概念，實為今日自然科學界一般所公認者。（註一）所謂共生，即異種之生物，當其各自運營生活時，自然為其他生活之助之一種共同生活也。某種之菌與藻，由共生而互營生活，因以組成地衣；攝取氮氣之根瘤菌，與寄生植物共生；又形成根瘤之菌類，與許多植物之根共生。植物學者弗蘭克，（註二）分共生為接棲共生與離棲共生二種。前者謂各個之生物，即共生生物，其於空間上，亦互相依賴而營生活也，至離棲共生，則謂共生物，原係分離而營生活者也。如右所舉之例，任何一種，概屬接棲共生。至若離棲共生之例：如爲尋蜜而同時媒介花粉受精之昆蟲，與由蜜而誘昆蟲飛來之植物，斯二者之關係，實當於此。誠然！且依吾人之見解，農業亦爲離棲共生。

（註一）巴利(De Bary)之共生現象(Erscheinung der Symbiose. Ein Vortrag. Strassburg 1879)。惟巴利所解釋之共生表現，係包與今日普通所解釋者爲廣義。蓋彼以寄生物與寄生之關係，亦爲一共生。彼稱如斯之寄生，爲敵對共生(antagonistische Symbiose)；稱今日吾人普通所謂之共生——即異種之生物，於生活上互助關係之共同生活。——爲互助共生(mutualistische Symbiose)。惟某自然科學者，對共生及寄生，曾舉爲第三範疇之共同攝食或共同採食。此所謂共同攝食，例如某一動物，即共同攝食者，雖附着於他動物之體內或體外而共同生活；然其非爲直接由寄主而吸收營養物，因以爲真正之寄生生活，而係由於平分寄主所食食物之方法，以營共同生活。許多之共同攝食動物，祇以寄主爲運動之手段而利用之，例如蔓腳甲殼類之鯨，雖爲一種動物附着於他種動物之體，然而其對此則絲毫不予以損害；又或如共同攝食動物，棲息於他動物之體內——消化器內，自己食其寄主所食之食物等。倍涅登(Von Beneden)於其動物界中之寄食者(Die Schmarotzer des Tierreiches. Internationale wissenschaftl. Bibliothek, Leipzig bei Brockhaus, 1876)中，關於共同攝食，曾揭示許多之實例。至植物界中之共同攝食，可參閱瓦敏格(Eug. Warming)之生態的植物地理學教科書 (Lehrbuch der ökologischen Pflanzengeographie. 3 Auflage, Berlin, bei

Borntraeger, 1915) 第二九九頁以後。雖然共同攝食，與寄生及共生，截然區別者，殊爲困難。

（註二）Frank, Lehrbuch der Botanik, I.Bd, Leipzig, bei Engelmann, 1892. 第二五五頁以下。

共生之時，應知非惟於共生生物同時之間多有生活活動之互相適應，即於共生生物體之構造，亦多具互相之適應。例如由昆蟲而爲受精之媒介之植物花之構造，其恰適於昆蟲之能訪彼之形態。與此相類似之現象，於農業上，亦可見及。栽培植物及家畜之構造，其隨時間之經過由淘汰而適應人類之需要以發達者，自係明瞭之事實。如果樹葡萄之果實，製糖與飼料用甜菜之根，穀物之乳胚，乳用畜之乳腺，與肉用畜之肉附，其非常發達者，實爲對人類適應之適例。

農業以供給最廣義之人類食糧，爲其主要任務，故得稱之曰營養的共生。然而爲農業之一特殊形態所謂園藝者（註一）則與此不同，其本具有人類單純爲裝飾與娛樂而栽培植物之特點。是故吾人稱之曰審美的共生（註二）。此點限於吾人之所知，歷來無論於動物界或植物界，尙無其類似者也。

（註一）園藝及林業，亦爲人類與植物之共生。

（註二）『營養的共生』與『審美的共生』，係余所創造之名。

更有於共生，以共生生物互相異常適應之結果，其若於普通之時各自分離，則已不能營其生活者，乃數見不鮮。人類於營原始生活之時代，栽培植物與飼畜雖完全未之存在；然而今日之人類，其如不由栽培植物與飼畜以受食糧之供給，則殆無能維持生存。反之，於栽培植物及飼畜方面，其諸多之事項，若人類不加以保護與管理，則亦當失敗於生存競爭而即滅亡。吾人所栽培之諸多生物，例如就穀類而考察之，亦可明瞭，以其構造係唯有直接與人類之共生而始可，故已不能野生化。

尤有進者，人類與其他生物之共生關係，非僅於農業而得見之也；即以最廣義解釋農業將園藝與林業包含於其中而考察之，亦復如斯。且不等唯是，人類與犬實有極密切之共生關係而生活。動物學上犬之學名曰 Canis familiaris 者，即已明示此種事實。雖然，此種共生，其與農業，實無何等之關係。

然而於茲成爲問題者，即由於解釋農業乃一共生而原可認識爲如何之事實耶？吾人依此種觀察法，視人類之經濟生活，爲與其他生物之生活相關聯或並存，故名此曰共生。即農業絕非特殊且僅人類世界所獨有之現象，而係與其他之共生，始克見其完全之類型。因是吾人之觀察方法，對結合人類與其他生物之橋梁築造，實更加一石。雖然，農業於其歷史之過程，完成全然獨特之發展，猶之人類由於其天賦精神能力而爲優異之存在者，其絕不能以此而被否定也。

猶有當附記於茲者，許多之蟻與動物——蚜蟲——及植物——菌類——之共生，曾稱之爲『蟻所經營之農耕與養畜。』此種表現正與吾人之見解完全同其旨趣。

農業爲不可缺之業務乎？

自費雪（Emil Fischer）證明由化學之合成而得製出砂糖，且其他之許多有機物質，亦可由相同之合成而造出以來，尤其卽蛋白質或類似蛋白質之物體，亦得由其組成分之合成而人工製造之希望出現以後，此種問題，絕非等閒無用之問題也。化學若果如斯進步，則農業終將歸於無用，似此之意見或至少似此之想像，可知未始非無。

雖然，若依吾人所見——否！關此吾人寧從有決定權威之學者意見——，（註）斯種議論，實非妥當。縱令將來於某時，砂糖、澱粉、蛋白質與類似蛋白質之物體，其得至於巨量之合成，在理論上爲可能；然由國民食糧供給之實際問題觀之其實一向未具有重要之意義。何以故？蓋因植物利用所謂日光之無償動力，其較化學者於實驗室所製造者，得以異常廉價而製造之也。敢問人類果能作若植物中之綠葉細胞之廉價實驗室耶？自然所鑄造自然所擴張之水分、鑛物質、炭酸氣體，尤其所最必要之運營動力之日光，其得實現自然而取之於實驗室耶？如仔細考量之，則究屬弗能想像。

（註）佛哈爾特（Z. B Volhard）之哈萊大學之有機化學講義第1講（Vorlesungen über organische Chemie an der Universität Halle, Kolleg eft 1895, I. Vorlesungen）賈雅（Adolf Mayer）之農業化學教科書（Lehrbuch der Agrikulturchemie）第1卷——一八九五年發行第四版——第七六至七七頁，亦皆述說綠色細胞之廉價勞動，並以有此之故，農業於國民經濟上所有之重要意義，亦不能以人工的化學的合成而換置。反之，謂農業將由化學之進步發達而換置之樂觀意見，克恩（F. Cohn）於一八八六年在柏林所開之自然科學者大會曾經敍述；又賈雅（Victor Meyer）於一八八九年在海德倍希（Heidelberg）所開之同等聚會亦曾敍述之。

因是，食糧品合成法縱被發見，社會方面之問題，亦不能由此而得解決也。（佛哈爾特）

且於此必須注意者，人類及動物之營養問題，絕非如世人之所屢屢想像若是其簡單者也。營養問題之複雜，即於家畜飼養學，尚未十分注意。吾人之食物，非僅不過供給數種之身體構成資料

（炭水化物、蛋白質、脂肪、鹽類）與熱量（加洛里）乎？食物中之特殊形態（如對家畜有特殊營養上之效果之燕麥，又如對人類爲有效作用之 Suppen），蛋白質之特別種類，食物之膠質組織，副營養素之混在（吾人試思維他命），灰分要素多寡之決定（灰分鎂問題），與其他吾人泰半今猶完全不知或不能想像之物品等，非於人類及動物之營養上有重大價值耶？人工所合成之食料品，即得供給含有爲人類保健所必要之副營養物及副作用之完善物質，其果可能乎？凡此一切，實爲遙較普通人所想像者難於解決之問題。

哈恩關於此種事項，正爲至饒興趣之研究。其結果，證明於人類所栽培之最早作物中，除普通之食料作物外，別復有調味料作物及供給陶醉資料之作物。由是觀之，可知人類之食物，其雖最古者，亦決不止於爲比較簡單之身體構造資料與能力之給源，而對於食物之生理要求，實爲異常之複雜。(註)然關於此點，吾人之知識，徒無非知其一端。若研究人類食物之歷史發展，得知猶有許多最饒興趣之事項，自係確實。生理學者，歷來對此方面，至不關心。於實驗室中，僅以試驗的研究，其實不能正確釋明此問題。

生理學者阿布德哈爾登(Abderhalden)關於農業之不可欲性，曾具有與吾人類似之見解。彼曰：『人工製造營養物之問題，理論上雖得解決，然而此種解決，於實際問題，則究無價值。何以故？蓋（一）於實驗室所製出之物質，恐不免價昂；（二）以其滋味惡劣，即大食之亦不免嘔吐；(三)無論如何，若短期能維持其生命，則代此而起，對胃腸必生致命之病害。』(註)

附記

（註）給恩曾於種種地方敍述此問題。舉例而言之，如於耕之起源(Die Entstehung der Pflugkultur, Heidelberg 1909）第十頁及第九十五頁。給恩於此後著，曾敍述於古代國民間，由蜂蜜牛乳及其他以製造酒精飲料，乃普通所習行之事，而有言曰：『現在之時代，乃各方力倡酒精之禁者之時代。雖然，經濟地理學者，實不能不承認足使酩酊之飲料及刺激劑，於他方發其可嘉之作用，故抑制一般對此之需要，殊非所宜。』於所謂由鋤至犂(Von der Hacke zum Pflug, Leipzig, 1914）之小著第三九——四〇頁，給恩曾記述古代調味料植物之栽培，而謂『僅食一切之偏頗的植物營養，例如米（主要穀類亦如之）而並不附以魚類，蝦類之動物質（即合帶皮之馬鈴薯與青魚，乃頗合理之食物）時，此種調味料殊為必要』。此猶有許多之例，給恩於經濟的勞動之起源(Die Entstehung der Wirtschaftlichen Arbeit, Heidelberg, 1908)第四三頁以下及其他之處所。

（註）參照宮希（Carl Jentsch）之國民經濟學(Volkswirtschaftslehre, 33–38. Tausend, Leipzig, bei Grunow, 1918）第三四七頁。

第四章　農學之地位與任務

目的？藝術的創作，僅有一靜息於其所特有之藝術美。

——Emanuel Geibel——

關於精神文化之發展，若劃時代言之，可分爲次之三期。

在第一期，其主要所研究者，爲神學、神話學、哲學、歷史、語言學、法律學、文學、作詩法及其他與此相類似之諸學。吾人稱此時期曰人文主義時代（Humanistische Periode）。無待論，他若數學天文學之與此異其方向之諸學，於此時代已可承認其萌芽；然而此種實在之諸學，則固尚未占重要之地位。其與此比較之，宗教思想與國語的審美的思想方面，則遙爲重大之研究。

繼此之第二期，以崇尚自然科學且獲得異常之發展爲其特徵。吾人呼此時代爲自然科學時代(Naturwissenschaftliche Periode)。尤其於啓蒙時代以降，自然科學之研究，異常盛行。

雖然，爲使數學及自然科學之與人文諸學受同等待遇，卽至近代，固猶大加其努力與犧牲。且非惟過去如斯，卽於現時，恐亦不欲認自然科學爲科學之人文主義者，猶復往往存在也。如自然科學之父亥門好爾茨（Helmholtz），亦視自然科學無非爲卑淺之學。於高等學校以前曾如字義所示而接受『數學非專門學』之文句。且卽在今日，認自然科學非普通教育上所必要者亦數見不鮮。此種人士，以爲教育之中心，實專在講授語學之知識。(註)

（註）若一觀興富勒（Alois Hölfler）所揭載於物理化學教育時報（Zeitschrift für den Physikalischen und Chemischen Unterricht）——一九一七年號第三頁——之論文，可知卽於最近二三十年以前，『有功績有權威之高等學校教師』勒格爾巴哈（Nägelsbach），猶倡『自然科學，於高等學校完全無用』之論調。

繼自然科學時代之第三期，爲普遍主義時代（Universale Periode）。吾人現正處於此階段之初期。此時代之特徵，在於世人欲意識的究明一切事物。卽世人採取如次之立場：所謂以特殊之興趣，而僅偏重於若干學問領域以進行其研究者，已屬不能滿足；更進而苟爲思考與經驗之對象者，一切均欲研究之，且各種之研究部門，尤必須以同等之價值而使之互相並立也。

自己欲研究犁之歷史或音樂之歷史，欲爲埃及學者或昆蟲學者，擬著軍學之論文或花之生物學的論文，欲攻求法律之歷史或橋梁之研究與夫欲爲其他種種之探討，綜此一切，均屬相同。蓋任何科學，與其他科學有同等存在之理由與價値；任何一種科學，均未較其他科學占較高之地位也。

於此第三之普遍主義時代，所謂『實業學』即以不甚讚美之稱呼所往往表現之諸學，亦已發展，如農學、林學、工學、商學是。人文主義者，即自然科學，亦往往不認其爲與人文諸科學同格之科學，因是如彼實業學，愈不成問題，從事斯學之研究學者，自易視爲庸俗者流而加以輕蔑。雖然，非惟人文主義者已也，即純自然科學者經濟學者——其所癖好之經濟學自身，亦爲一『實業學』——與其他等，以農學以下之諸學原非眞正之科學者，亦往往有之。例如瓦格納(Adolf Wagner)——參閱後面之記述——之態度，即係其一。(註)

(註)於演說談話等，即文獻以外之意思表現機會，得聆農學與其他諸學爲卑下之議論，尤較所發行之科學書爲夥。

惟似此諸學何故屢被輕視耶？語其主要之根據，實在於似此諸學無非以改善實用爲主眼之教理耳。尤其不幸，卽實業學者自身之最大多數亦以改善實用爲其從事學問之主要目的，或更進而爲其唯一之目的。職是之故，其未諳事物者，致仍其原狀採用於某程度爲代表之見解，或對於關係學問之判斷，亦以此爲根據者，固毫無足怪。

然而所謂實用主義立場，其採此者雖甚多，惟究爲偏頗且非哲學之立場。固然，其研究之對象，或以討論實際問題，或以改善實地目的，而進行其研究，任誰弗能以此卽爲失卻其科學之本質；但其如以此爲科學之主要目的或唯一目的，則斯種見解，正乃庸俗低級與卑下者也。

所有科學之主要目的，在於純粹之認識。吾人欲知悉且理解存在或發生於世界中之一切事物，吾人欲滿足吾人之知識慾。然而其有利於此者，則爲科學。且於此際，學問果有利於實地否？祇無非副次之問題。眞能透澈理會一種科學者，無論何人，均祇欲玩味其學問之美，唯此美之自身，始給予滿足，而値得讚美之也。（註）此外，科學之有用於實際否？爲毫無關係之問題。誠然，其占領眞正學者胸懷之最多之審美的慾望，乃與實地無何等直接關係之問題。

（註）完全相同之事，恩宮勒特就自然科學而敍述之曰：「究明自然界之吾人努力，且此努力之收效果，而更廣汎更

深刻進行其研究之啓示，一切均由於吾人如斯認識所特有之完美信念而發生……」——物理化學敎育時報，一九一七年號第一〇頁。——

數學對於許多之學問，卽物理學、工學、生理學、與統計學，正爲得實地應用之一科學。然而數學之硏究，若認爲祇有如斯之實用者，則此種人士，實自己告白其未理解學問中所具有之美。數學亦與其他一切科學相同，乃以自己爲目的而硏究，其構造之至堪驚異之純潔而且明確，自然形成其所特有之美。

吾人更舉一明瞭之例，就一種「實用的」科學如農學而觀之。吾人由於此種學問，得達實用上之目的，自無疑義。卽宜如何改善栽培植物之施肥？以如何方法由改良品種而增加其收穫？若以較進步之農具當如何改善土地之耕耘？凡此於農學上，皆可得而硏究也。然而其僅如此，固弗能盡農學全部之任務。吾人祇由實用之見地而觀察農業全體，恰與粗野之實務家所見無甚分別，故斯絕非唯一之觀察方法。此吾人更可視農業爲人類文化之一幕，於文化史硏究者之立場而硏究之。卽農業成立之歷史如何？人類如何始栽培植物或馴養動物？土地經如何之過程而始逐漸用爲耕種？稈之歷史發展如何？土地之分配與所有關係之由來如何？各地方之農業地理分佈如何成立？農業如何始適應氣候土壤及文化關係之種種現象？綜此一切，均爲純科學之問題。若不欲忽略其對人類文化發展之基礎重要作用，則勢非悉予解答不可。故關於農業，除如右所述之歷史的地理的問題之外，尚有如次之各種問題：即其雖於實際上無何等直接之用，然而由於其解決，可得顯著增進人類之知識。農學其縱毫未予實用上以利益，又或其學說亦無何等改良實地之用，然而其仍不失爲一純美之科學，即成立爲一農學也。關於農業，恐亦與其他許多事物相同，欲闡明各種現象及其相互關係之人，當陸續存在焉。

在他方面，若以實際事物不足爲科學之對象，則其將至如何之錯誤結果，吾人亦可以明瞭。昆蟲學乃與其他各種事實同時研究昆蟲之習性及其生活條件者，固任誰無異議。白蟻研究家，曾以非常之苦心與努力，而研究白蟻如何攝取食物？如何營巢及撫育其幼蟲等。如斯研究之有價値且具科學性，誠任何人之所不能置疑。於是吾人暫假定易地而處，吾人非爲人類而係白蟻。果此，若實業學未具有科學之價値，則此白蟻之研究，亦必爲非科學的。何耶？因吾人今已爲白蟻，如右之昆蟲學研究，對吾人具有實用上之價值也。反之，人類縱如何開鑿運河，敷設鐵路與建造汽船，彼等縱如何取得食物，栽培耕地，調製食品與紡織布類，現時對於吾等——白蟻——，則固毫無實用上之興趣。於是討論此等事項之諸學，實突如成爲眞正之科學。

由是可知如斯之見解，乃不妥當而且予以矛盾之結果。

以上吾人曾主要高倡農學及其他實業學爲純粹科學之立場。雖然，斯絕非否認此種諸學之討論實際問題。『宜如何始克爲最善之處理？』對此疑問予以回答者，均屬科學之任務，斯與其他各種事項相同，而構成人類知識之一部。然雖如此，科學之目的，絕非僅在於實用之改善。偏重實際問題研究之文獻，於古典的書籍之中，殆未之見。徒無非主要討論實際問題之文獻，有其多數之存在，如內容豐富之農業大定期刊物是。由此等之雜誌，非惟純粹之學者，得以採取許多貴重而且有用之資料；且學者自身或爲從事實地工作，或與之保持聯絡，亦有執筆此等雜誌者。——雖然，若僅以此等實際界爲主要目標之文獻，則究不能使學者滿足。彼——與單純之實際家常相隔絕——之立場，實完全互異。

眞正之科學，與古典的音樂繪畫及詩歌相同，殆無例外係屬奧義者也。其理解於此者，唯有精通斯道之人。(註)

（註）哥德 (Goethe) 曾對愛克曼 (Eckermann) 曰：『吾現在爲汝種種並歷汝一生亦有益而語汝。吾之作品，非爲博一般之人望而爲。若思努力而使能受通俗之歡迎，斯實大謬。吾之作品，非以大衆爲目標而書寫，而乃以少數人爲目的。……』——一八二八年十月十一日之談話——

對一切科學，如承認且理解其有同等之價値，實必需優異之普遍的教養。一切科學，不問其於實際上是否有用？若既爲聚精匯神之研究，則卽爲一種『美』。如所謂砂糖製造法，雖乍見爲異常乾燥無味之研究；然其亦以聚精匯神且以一般知識爲本位而討論。余語及此，不禁憶及關此之講義，直接予聽講者以藝術家之滿足之實例。(註)——其研究偉大詩人哥德，凱萊 (Gottfried Keller)，屠介涅夫 (Iwan Turgenjeff) 等所著詩中隨處所表現之哲學者，自可瞭解對於一切實在事實之匯神觀察，各具有普遍之啓發性。

（註）如一八九四——九五年冬，余於活痕海門 (Hohenheim) 之農科大學所聽倍侖特 (Paul Behrend) 敎授

關於觀點之論爭，即其一例。

補遺與文獻之註釋

以上於本章所敍述者，曾於一九〇〇年題爲『關於農學任務之考察』(註)而發表之；其中一部分，即字句殆亦未變更。然而就余個人所知，此論文於歷來任何文獻，既未爲之介紹，亦未爲之引用。且此種見解，與許多學者之意見，其細目上雖有多少之不同，然其根本上則屬相通之事實，以下即可明瞭。惟其如自己若是直倡實用上之效果，無非農學——及其他之一切實業學——所追求目的之一；斯學之主要目的，非此種事實，而實在於純粹之認識之學者，恐無其他也。

(註)拙著農業及自然科學論叢一九〇〇年版(Kleine Abandlungen aus dem Gebiete der Landwirtschaft und Naturwissenschaft. Winterthur 1900, Verlag von Moritz Kieschke)。

對如右所述余之論旨，其亦有以口頭反對謂此絕非新發見，而無非重述於專門學者間所久已承認之見解者。吾以爲此誠錯誤，斯即就許多農學書之標題而觀之，亦可充分得知如何有權威之農學者，亦置重於實用，以此爲主而進其研究。此其實例，可舉塔爾所著之合理的農業之原理，昆恩之牛之最合理之飼養，與克萊曼之最優秀之牛等。於茲所附點之字句，其顯然表示適合於實用上目的之意義。由是觀之，似此各學者，一般均不外以增進實益爲農學之主要目的。

又盧門克爾（von Rümker）關於農學之科學研究並其地位之意見，雖諸多之點與吾人共鳴；然其於此點，則明顯具有如次之見解：卽農學之研究，非以自己爲目的，而其任務，結局究在增進實益。彼更謂此種事實，非僅對農學妥當，卽於醫學法學等，亦均妥當；且不寧唯是，卽純粹之精神科學，其結局，亦以實用上之目的而爲之。故盧門克爾之立場，其於此點頗爲透闢者，由於次述，亦可窺知。卽『科學之最大多數，今日實非爲研究而研究，對於一切理性的思考之人士，其修向無實用之科學者，殆屬無價值之工作。』（註）

（註）盧門克爾之農業與科學，關於學術地位闡明之我見（Landwirtschaft und Wissenschaft. Ein offens Wort zur Klärung der Lage. Berlin, Verlag von Paul Parey,1905。）

然而他方多少接近吾人意見之學者，亦未始非無也。

屠能於其著書，（註）曾爲如次之言曰：『於談農業上事項之時，若發見僅有某種直接實益始引人興味之問題，則任何時於吾，亦爲如冰之冷酷。』

（註）屠能(von Thünen)之孤立國 (Der isolierte Staat. 3. Auflage, Berlin, 1875)。

又李比西（註）亦謂：『遺憾之事者，任何人殆未理解農業之眞正之美，乃由於其所具有無形之力或所謂精神之聚匯也。農業惟以其具有單純實益以外之某物，而始使其居優於其他一切業務之地位。農業對於理解自然者，非惟予其所求之一切實益，而且復予以科學所賜與之興味滿足。』

（註）李比西之化學及其對於農業與生理學之應用(Die Chemie in ihrer Anwendung auf Agrikultur und Physiologie. 9. Auflage, Braunschweig, 1875)第三四八頁。

富拉斯於農林業史（註）第三六七頁，曾謂『農學由彼——即李比西——忽予以根本的方向之轉換，即將其加入科學之中。故其將來，關於農業之研究，不以實益如何而進行時，始克告異常之繁榮。』

（註）C. Fraas, Geschichte der Landbau und Forstwissenschaft, München, 1865.

更於第五六二頁曰：『布格道夫(Burgsdorf)曾爲其師格萊第希(Gleditsch)教以自然研究之爲何？彼非常理解於其名著關於重要樹種之完全歷史的研究之標題，卽已表示之——卽有貢獻於博物學之見解——。似此，彼所具有之見解，非惟優於其同時代之人，且復優於現代之人。何以故？因卽現代人，猶未充分理解農學及林學得爲純粹科學，首先以研究自身爲目的，質言之，卽以眞理之研究爲目的；然後始以獲得某種實利之效果爲目的也。』

富拉斯除如右述之點外，其於一般農業之哲學研究，實具有與李比西相同之偏頗見解。卽農業之經濟的方面，較諸農業之自然科學的方面至被輕視，且以關於土壤中之植物營養素之消耗及其補充之學說，謂爲『農學之花。』

買雅於其農藝化學教科書(註)第一講中，關於農藝化學之科學地位，曾發表特値注目之意見。彼謂斯種學問之研究領域，首先由於農業之實際上要求而決定，故其實爲一『應用』之科學。然而其雖如此，斯決不宜視爲祇有資於實地之助。如彼曰：『農藝化學，亦頗離開實用上之目的而發達，卽其頗不拘泥於農業之實際而以無關心態度從事硏究。雖然，此種學問歷來所採取之獨立立場，始正對於實用有其特殊之效用。蓋當討論某一事物時，若其態度愈爲獨立，且其結果愈不關心，更以愈屬於純理，則至其將來對於實際生活，愈當予以甚深之效果。於此意義，實可謂農藝化學，適較工藝化學等多相符於純理的科學之名。……余與言及此，不禁憶及純正化學尤其有機化學對於染料技術之貢獻，其較以實利而硏究染料爲最終目的之染料工業化學之貢獻，殊爲不勝其大之事實也。其予革命的效果之大發見，得謂爲一切悉由於務求其理論的硏究而成就。」

（註） Adolf Mayer, Lehrbuch der Agrikulturchemie, I. Band. 余引用其第五版（5. Auflage, Heidelberg 1901.）。

拉曼於其專門之學問，卽土壤學中，曾於種種之機會，高倡置重於實用之歷來方法，終於消影潛形，而代之以硏究自身爲目的之事實。彼希望土壤學須從「不自由」之狀態中解放，且分土壤學之實用的部分爲「應用土壤學」或「土壤利用學」，而與狹義之土壤學相區別，俾將此兩者各爲特殊學問而硏究之。惟後者之提案，其果正確與否？吾人實不能無疑。關此可參閱拉曼之土壤學與應用土壤學或土壤利用學。（註一）——彼更於其所著之教科書（註二）曰『吾人由於此簡短之敍述——卽土壤學之歷史——，可知一種學問，其由於非以自己爲目的而研究，主要係爲實用或其他學問之用而研究，則實爲異常困難，且經歷有曲折而又有特色之發展途徑。似此，土壤學之進步，至被妨害，且不寧惟是，卽於今日，猶復苦惱於此種情形之下，而與從來不變者也。』

（註一）Ramann, Ueber Bodenkunde und angewandte Bodenkunde oder Technologis des Bodens. Journal für Landwirtschaft 1905. 第三七一——三七四頁。

（註二）Ramann, Bodenkunde. 3. Auflage, S. 5, Verlag von Julius Springer, 1911.

瓦泰斯特拉特（註）於農業經濟學，曾分爲兩種互異之基本問題，卽『爲何』之問題與『須如何』之問題是也。第一問題之回答，係由事物之正確分析而給予；吾人由此可知實際存在及發生之條件與事實。第二問題之回答，反此，在於詳示最善處理現在經營之方法，因而其有利於實地之改善。惟依瓦泰斯特拉特之見解，此第一問題，於農業經濟學上，較諸第二問題，實至爲人輕視。『經濟學之不振，於某程度當歸因於此。』卽僅對於探求實用效果方面，竭其最大努力，而此以上之基礎理論探求，則率異常輕視。『總之，一種學問之全部領域，僅以其結果之實用價值為目標而攻究，斯乃終屬不可能者。似此研究方法，其必終於失敗無疑。』

（註）參閱瓦泰斯特拉特（Waterstradt）之農業經濟學（Die Wirtschaftslehre des Laendbanes. Stuttgart, Verlag von Engen Ulmer, 1912）緒論。

綜上所述，可知如吾人所主張以研究自身為目標之農學研究立場，於其他各學者之思想中，實有若干之共鳴。然而其於他方，則亦屢見與此相反對之立場——以增進實利為主要目的——，斯實有種種之原因。蓋以實利之增進與改善，首先易於喚起大衆之注意，其以此為目的者，自易為具有通俗而且幼稚之見解之人所接受。然而如取與斯相反之立場，則其前提條件，實需要有異常包括而且不偏之素養或哲學之素養。但如斯素養，非必為一切學者所具有，況於普通之實業者，自更無待言。故不甚觀察獨立事物之平凡學者，遂亦不分析理由，而唯與有勢力之意見同其步調也。同時外部之事實，亦驅使學者注意於一般之思潮，終於使其屈伏。例如農業研究機關，當其要求國庫補助研究費或受其津貼之時，必須首先高倡其研究，乃有利於『實用上』之事實者，即其一例。

固然增進實用其物，誠屬重要，無論在若何情形下，亦不許等閒視之，無待贅述也。

然而此等一切事實，不能以之爲決定學問上眞正哲學價値之決定要素。吾人必須以更單純且更高尙之形態，而使之成爲科學也。

農學旣係僅以增進實益之手段而硏究，不以硏究自身爲目的而硏究，是則必異常損傷其權威，自屬無疑之事實。然而我有權威之學者中，於此種見解硏究方法之下，實有誤解此學問者。吾人前曾引用瓦格納。彼以農學、林學、鑛學、工學與商學等爲『私經濟學』，而會如次敍述曰（註）『此等一切，均包括異常廣汎之人類知識，尤以近時之可驚技術之進步，其硏究範圍，無論於廣博上抑於深刻上，皆愈形增大。——雖然，其於全體上抑或於各別上，尙復不能以此爲嚴密意義之科學。且亦不能以此，而爲所謂「實用的」科學也。蓋此等之大部分，非惟或徒不過爲其他各種科學之集合，或祗爲實用上之目的而硏究學問且更進而僅以知悉有利於追求如次之事實，卽非祗其一部分概括其全體亦僅實現此種目的，質言之，卽獲求私經濟利益——此同時亦得爲國民經濟之利益——，而利用此等學理。非所謂爲知識而硏究知識也。』

（註）瓦格納（Adolf Wagner）之經濟學全書第一卷經濟學原論第一篇（Lehr=und Handbuch der politischen Oekonomie. I. Hauptabteilung. Grundlegung der politischen Oekonomie. I. Teil）存於余手者，爲該書第三版，一八九二——一八九三年發行。參閱其三五六頁。

瓦格納之所述，於若彼所謂前提條件之下，自係正確。——然而農學及其他，若僅以增進實利爲目的，其絕非爲眞正之科學。故對此前提爲不妥當之見解，正吾人所欲爭論者也。

不寧唯是，瓦格納謂農學及其他之大部分，無非由他種學問所述眞理之集合而成之點，吾人亦不能同意。無待言，農學與其他一切諸學相同，尙須利用若干之補助科學；惟農學實大具有僅特諸農學而始得解決，且此農學以外之任何物件，亦不能解決之特殊領域。植物學者，固可研究植物之營養，然而其如不特別研究農藝化學，則不知自然肥料與人造肥料之施用法。地質學者，固得研究各種土壤之成立，然而其弗知耕起或整理土壤，至耕鋤整地之農具與其構造，更不待言。動物學者，固得從事於家畜形態學生理學與生態學之研究，惟對於家畜之特殊管理、育成、飼養、生乳加工而製造奶油等，彼則甚少具有興趣。如斯事項，舉須委之於農學者之研究。

林學鑛學等，亦與此相同，不能謂其大部分，無非爲部分的集合其他之學問也。——

最後吾人欲重複闡明一切之科學——包括所謂實業學——，均具有同等價值之見解。已如前述，若彼哥德之思想家，其對各種學問承認均有同等價值者，事實上，乃證明其獨特且該博之精神陶冶也。固然，哥德果於若何處所明言同等價值之事乎？余不之知。如斯事實，且亦無關重要。總之，哥德之一生，關於人類知識問題，曾爲偉大之解釋。且爲哥德精神生活上偉大事業之基調者，乃內心明瞭認識人類文化所有科學之意義，與無差別研究此一切之事實。無論欲研究詩歌、或國民生活、或宗教、或古代與現代國語，其對於研究者，皆有同等之價值。他若研究文化史、美術考古學、文學史、政治史、教會史、國家學、哲學、地質學、物理學、氣象學、植物學、或研究動物與人類之骨骼，或研究不萊梅（Bremer）之築港設計，意大利之都市計劃，與東洋文化等，其理亦概屬相同。綜此一切事實，均於其教養上原則有同等價值與不可缺之要素。故哥德於茲實與其他一切之事實幾乎相同，率表示其爲常識至形發達之哲學者。今日之哲學者，雖於諸多之點，無非欲以唯一之原理或二三游弱之原理，而理解把握萬物；然而哥德之見解，較諸此等專門哲學者之體系，一切均遙爲含蓄許多眞正意義之哲學也。

且哥德亦絕不如其他許多學者之偏頗於方法論。所謂歸納與演繹，假設、觀察、實驗、比較研究——今日之許多研究家所驚異者——，及深刻注意之歷史觀察，凡此一切，均爲彼所熟練者。於茲且就此最後之點，卽歷史觀察而觀之，其知一二之哥德論著者，卽可知歷史觀察方法，於彼爲如何之重要？且此與今日之許多自然科學者農學者之完全忽略歷史，其爲如何之顯著對照？亦可窺知。試觀哥德對其色論之史的研究（註一）爲如何傾注其鉅大之努力？以各國國語所著關於色之研究之著作，其爲參閱檢討而如何努力乎？於茲若就慮門克爾（註二）所道破如次之現代許多研究者之研究，卽可容易承認其研究方法之爲如何優秀也。氏曰：『今日各界人士，以急於發表狂之結果，致忽視現存之文獻，且有時竟剽竊而利用之，恰如自己之着先鞭者，正乃流行一時。』（註三）

（註一）色之史的研究資料（Materialien zur Geschichte der Farbenlehre）。

（註二）慮門克爾之農業與科學（Landwirtschaft und Wissenschaft, 1905），第三十三頁。

（註三）參閱赫倍爾（Hebbel）之『對先鞭者之諷遊』之語。

若有欲讀於哥德之著作中，特別顯著承認其思索之普遍性者，則吾人擬推薦歷來普通所未讀之一書，即彼之意大利旅行記。哥德於此概括研究之非常努力與堅毅，實充分表現於此旅行記之中。

第五章　農學中之唯理主義與要因之交織

已如種種之處所所提述，今日之農學中唯理主義見解，果至如何程度方得其正鵠？檢討此種問題，乃本章之要點。惟關於農學之如斯重要而且根本之問題，歷來殆未提起。吾人茲擬於本章及以下各章，詳細討究此種問題。（註）

（註）著者曾摘要述此問題之意見，而以農業地理學之學術的地位（Die Wissenschaftliche Stellung der Landwirtschaftsgeographie）一論文發表之。此論文，最初刊於佛林格農業時報，一九一一年號，第二五二頁以下；後採錄於余之著書亞爾薩斯洛林之農業經濟組織（Die Landwirtschaftliche Wirtschaftssysteme Elsass-Lothringens）——Gebweiler in Elsass, 1914——及農業論叢（Vermischte landwirtschaftliche Aufsätze, 2. Heft, Stuttgart 1915）。

唯理的（rationalis, rationell）唯理主義（Rationalismus）等語，乃以拉丁語之名詞 ratio 為語源。所謂 ratio 之拉丁語，原先雖解釋之為『清算』、『打算』之義——動詞 reri，爲理性的決定判斷之義。——；然而其無論於固有之意義，抑或於轉化之意義皆以非常懸殊之種種意義而使用。——如理性的批判，合理性與證明等等。其詳宜參閱拉丁語之辭典。要之，以其如此，故所謂『唯理的農業』者，其意義實爲『論理本位之農業』『基於打算之農業』或『建築於論理的結論之上之農業』也。

若一觀買雅辭典 Meyers Konversations Lexikon——第六版，一九〇七年。——中之『唯理的』一項，則有如次之說明。

一切無論其爲判斷或爲處理方法，其於非僅由傳統與習慣而係以論理的攻究事物性質之分析時，名之曰唯理的（rationell）——lat——。如唯理的農業，唯理的治療法等。

職是之故，唯理的農業，實與傳統傳說處全相僅對之立場猶之如唯理主義之哲學，幾乎或完全不承認歷史發展之價值，一切僅於理性的商量之後而構造人類社會，竭盡知能使其近於理想以重新建設人類社會者也。所謂『歷史的發生之事實』恰與『非理論的』之事實，約視之相同，毫未加以顧及。——如本書中之於以前歷史的敍述之章所說明，農學之成立而爲學問者，由於諸爾之力，其時恰當啓蒙時代，一般之空氣，專以唯理主義之見解爲滿足。職是之故，唯理主義，自易爲農學所採用。

唯理主義世界觀，一見卽視爲有理者，固不少也。且歷史的發生之事物，其已不適於今日之時勢，因而有加以更正之必要，亦非少數。吾人不得否認。斯與浮士德（Faust）之調子，恰爲相同。

其中道理成非理善行變災厄，

因而人弗喜生末世；

若人生而卽有權利，

雖遺憾亦毫無問題。

然而唯理主義，其如對歷史之生成，不認何等之意義，以人類之理性而檢討一切事物，且應時勢而努力製造完全一新較完全並合目的之狀態，則於茲實發生如次之問題。卽所謂人類之判斷力，果能明瞭洞察此等一切事物，因而亦卽其重新創造之狀態或改變從來之狀態，果眞較以前所有者歷史發展者爲優良乎？如斯問題是也。

吾人於茲僅就唯理主義世界觀之適用於農業者而考察之，關於其他領域之適用，姑不以之爲問題。因關於此成爲問題之諸多學問——與農學完全相反——，已曾詳細討究此種問題塔爾與其後進並今日農學者之最大多數，關於認識論上之問題，多不甚用其腦筋，且卽於今日，亦不使用。彼等以人類之理性，具有足能充分知悉農業之組織與運營之理之能力，因而農業者關於一種農法或其他農法之利害得失，克下獨自之判斷者，乃當然之理，一向不成爲問題。關此吾人於以前之歷史的敍述之部，曾介紹塔爾之見解，而說明彼之所謂農業家者，乃至能理會農業上事項之因果關係，故對於任何具體事項，亦可尋求其支配之規範，且對其所設施之一切方法，亦能預計其結果之主張。

農業界中之現象，普通實具有依存於諸多互異之要因——事物——之特徵。（註）若對某一現象欲加以判斷與審察，則必須首先知悉此種一切要因之作用及其影響。不寧唯是，若欲於某程度使此種判斷預察正確，則非惟須知悉此等諸因子作用之梗概，且更必須進而作量的測定其作用。此種量的測定，往往具最主要之作用，尤其於討論收益率問題時爲然也。

（註）若以數學之函數式而表示之，則是如次：

$X = F(y, z, u, v, w, \ldots\ldots C_1, C_2, C_3, C_4, \ldots\ldots)$

由此函數式，依微分之算法，其必算出最大值與最小値者，自無疑義。例如若以X爲發芽之繼續期間，則其爲y, z, u……之可變因子與C_1, C_2, C_3, ……之不變因子之函數，而且力求其期間之短縮（最小値之算定。）反之，若以X爲肥育家畜平均每日之肥膽益，則必須力求其大（最大値之算定。）如斯算定，其顯然與唯理的農業之理想一致，自無疑義；然而由於本文中所述之理由，其實完全不可能者也。

惟以測知事物之互相關係或一般法則性之有無及程度爲目的，而適用函數算法於農業之時，其事態自當別論。且其果如斯，則尋係適切而當稱贊者。雖然以正確數字算定各個具體且特定之農法，斯固不可得。若斯事實，其已敍述，乃不可能。——路德瓦爾特（Rodewald）之關於乳牛泌乳能力之數學研究（Mathematische Beschreibung der Mile leistung der Milchkuh. Frühlings Landwirtschafliche Zeitung, 1909, Nr, 9.）可舉爲互相關係算出之一例。

然而如斯計算，實非常困難，而且錯綜，事實上究竟不能實行。故於農業者之中，其爲得農業上最大之效果，獲最高之純收益等，由於數學之方程式（或曲線圖表，）而算出當如何組織各種生產要素，如何使其發生作用者，恐一人亦未曾有。

蓋經營之組織或運營之效果第一、以依據諸多已知要因作用之故，其爲此種計算實屬異常困難。第二、某種要因雖爲肯定的作用（增加之方向；）然而其他要因則爲否定的作用（減少之方向，）是故計算亦不能簡單。第三、縱欲以數字算出各個要因之作用，將以如何之點視爲區分之處耶？其無根據者，乃係普通之現象。——要因之作用，表現爲漸進的，吾人必須反覆說明也。——第四、吾人一向尚未注意之未知要因，猶復屢屢作用；若將此未知之要因，視之於度外，則全體之結果，必往往不當。

以上所述，得以若干簡單之例，約略證明之。

例如現在欲以某一定之種子，如小麥之種子，播種於一定之土壤，期得其最大之結果，則所謂若耕種至如何之深始得其宜之事實成爲問題。種子之發芽，主要三種之外部原因，羣稱其必要，卽溫度水分與空氣是。其中土壤之溫度，不能不視爲係全部被給予者，農業者對此不能予以變化。雖然，以土壤之有異而溫度亦不同，故以播種之深淺互歧，而溫度之影響，亦不得一致。且種子之發芽，需要水分，而此水分之供給，則以其深而增多。但其於他方，此種子需要空氣，而此空氣之供給，卻以愈淺耕而愈合適。然則爲使發芽之最良好，宜以如何之深度而耕種種子耶？此宜如何而計算之耶？

非惟此也，影響於發芽之外部要因，其一切果得眞爲正確之探求，而毫無遺漏以盡括之耶？斯祇憶及關於某種之種子，近時咸認光線爲發芽所必要之條件，插德於其野生燕麥之研究，曾指摘由於摩擦之刺激，對種子發芽有特殊之作用，（註一）以及化學之刺激，有影響於發芽等，蓋可思過半矣。關於小麥種子之發芽，亦可發見歷來所未知之要因，絕非不可得而有之事實。（註二）

（註一）Zade, Der Flughafer (Avena fatua). Heft 229 der Arbeiten der D. L. G. Berlin 1912.

（註二）參閱魏沙格（Wehsarg）著德國雜草之分佈與防除 (Die Verbreitung und Bekämpfung der Ackerunkräuters in Dentschland. Bd. I. Heft 294 der Arbeiten der D. L. G. Berlin 1918)。由此研究證明種子之發芽，有較從來所想像者遠形複雜之要因作用。

最後必須考察者，小麥之發芽，若僅發芽自身爲順利之進行，實不足爲用也。其發芽以後莖葉之繁茂，無遺憾而進行者，尤屬重要。然而此莖葉之繁茂，則又受播種深淺之影響。似此，事項乃愈複雜矣。

誠然。對某種之土壤與氣候，縱得測定其播種之深淺恰屬相宜，然而於他種之土壤互異之氣候，果得仍其原狀而適用之耶？

卽假設退一步言，此等問題，其一切均得解決，然究亦無非僅關於播種深淺之事項而已。但卽就此播種事項觀之，亦非僅此適當之深淺問題也否！此種問題，等係非最重要者。其適當之播種量，播種之定期，播種法——各種之條播法撒播法——，播種前後之適當整地法，適當之施肥，適當之腐蝕法等，卻實爲重要之問題。似此多數要因之混淆錯綜，恰如碩鼠尾上所黏附之穢物，雖以如何之算式，終亦弗能解答。

理論的算定此種一切要因之作用，終非農業者之所能爲。卽以是故，農業者對於土地氣候農業集約度之此等一切要因之影響，不克由實驗而闡明。因其根本未具有如次之各種時間：卽分割其小麥之耕地，而依播種之深淺，劃爲種種之地區；作成基於播種密度互異之各種地區；製就耕時不同之各種地區；爲種種施肥之諸多地區；與更行腐蝕法之各種地區等。然則此種事項當如何處理之耶？

農業者當其實際所爲者完全與此異趣，因然實驗之研究，往往有對某一要因或其他要因之作用，得撮其大體之要點，有時並可予其作用以某種之變化；惟是大體上，除依地方之普通方法，即踏襲習慣傳統之外，全無其他施行之餘地。農業者由數十年間或往往數百年間之實地經驗，於許久以前，即發見知悉最適宜於其土壤氣候之播種深度如何，某種種子之播種量以如何爲最恰宜，（註）平均如何之時季爲最良之耕時，各種之播種方法，各有如何之優點及弱點等等。誠然，若不同之事實發生，如有新品種之小麥輸入，更必須積其新之經驗；惟雖如此，於其新方法尚未爲經驗所確定以前，當必先依據以從來之方法也。預先由理論算出如唯理的農業所期之結果，由理論探討當依據之法則，終於不成爲問題。縱令自己由理論上，知悉如何之要因對發芽等有其作用，然於某特定之時，此等各種要因作用之程度，宜如何評定之乎？是實察知此事之根據，毫未存在也。要之，除唯恃諸經驗外，別無他途。

（註）舉其一例。據普發爾(Raum)之費希第爾山地燕麥之育種與採種 (Züchtung und Saatban des Fichtelgebirgshafers. Landwirtschaftliches Jahrbnch für Bayern 1912)——由第十一卷之別刷——於費希第爾山地，以前燕麥之撒播，每法畝爲二百五十公斤至三百五十公斤。「然現在以條播機之非常普及，播種量爲之減低。但

卽如此，其殆亦未下二百公斤。」唯理主義者將不加考慮而以如斯之播種量爲異常之巨量；然由吾人之立場判斷，則與斯有異。費希第爾山地一般之爲如斯巨量播種者，其果基於若何之事實耶？吾人欲詳細知悉之，然後始予以判斷。農業耕法之地方型，其絕非由於純粹任意而成者，亦非由於單純之偶然結果。關於其詳，可參閱勞穆之著書。

關於小麥種子極簡單之例，吾人且更申述之。蓋由此所得之結論，可卽適用之於其他許多之農作業也。

關於小麥播種——及其他一切作物之播種——之特別重要問題，爲播種量問題。至詳細說明其理由，於茲姑且從略。總之，播種量限於其他之事實相同，則於達某一定之程度時，必予以最高之收穫。茲若以圖表表示之，而以橫坐標示播種量，縱坐標示收穫量，其應播種量之增減而各自變化之收穫狀況，以曲線表示之，則有如下圖。固然，此於播種量以外之其他一切條件不變時，始爲妥當。

茲配合種種分量之播種與種種分量之施肥——先爲簡單考察，假定

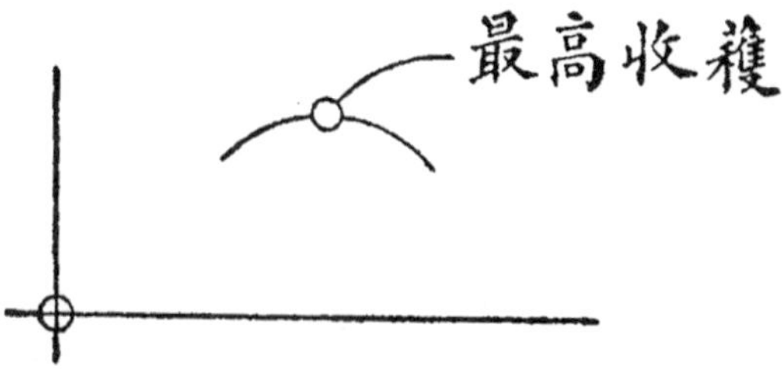

肥料爲氮磷與鉀，常含有相同之比例。——其始也以施肥量增加，恐收穫亦爲增加；雖然，此祇爲至某一定限度之事，如逾此限度而過多其施肥量，則收穫卻反減少——因小麥之倒伏地表之惡化等——。於是假如分施肥量爲七階段，就各別之施肥量而測其各個最當之播種量以觀之，則可畫七種之曲線——各具其獨特之最高點——。就此等曲線之各自最高點觀之，概爲施肥量愈多之曲線，而益接近於左方（卽施肥量若愈增加，則最適播種量亦愈減少。）此等曲線中之某一種——施肥之不甚多者——，恐具有一切曲線之最高點，斯卽全體中之絕對的最高收穫量。茲以圖示之如下。

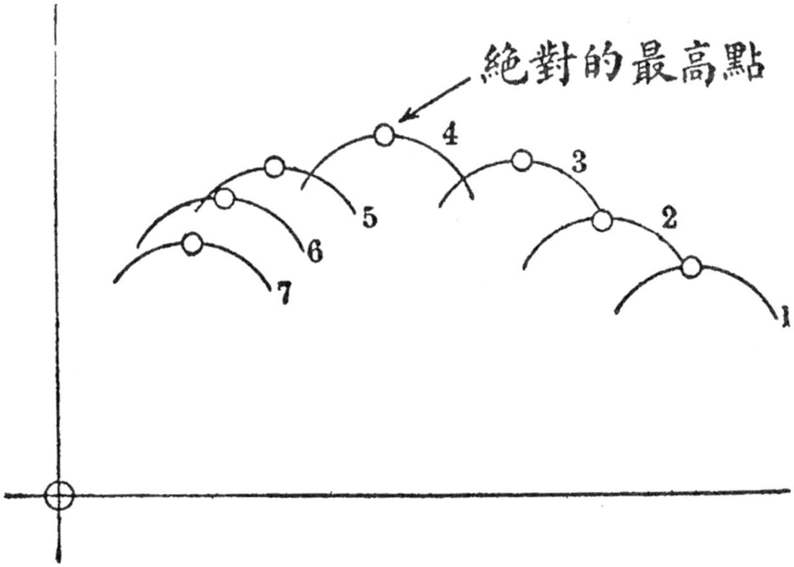

（說明）曲線1，施肥量最少，曲線2，次之較多，進而至於3、4，則施肥量逐漸增加。

其以計算的製就此等曲線之圖表與數學上之方程式，農業者均未具有。惟其由於異常之努力而且有時至難獲得確實結果之諸多實驗，或更有時應諸必要對每一圃場爲特殊之試驗，則固可爲如右曲線之測定。無待論，其果如斯，則事態當可完全明瞭；然而農業者其概不能如是者，斯又明顯之事實。

以上吾人係先就兩種要素之作用而考察，卽各種互異播種量時之影響與各種互異施肥量時之影響是也。惟欲精確知悉肥料之作用，更必須分爲氮磷鉀之各要素——石灰以其關係複雜，暫置諸問題之外。——，就其各自互異施肥量時之影響，而分別考察之。且不寧唯是，其卽如此，猶未充分也。如雖係氮肥，然而其爲硝石、錏石灰氮、廐肥之漏液與廐肥等中之孰一形態之氮素耶？實成爲問題。更有其施用之時期如何？如何分配之於各季節而施用等等，亦成爲問題。

非惟此也，若以此各種條件，與各種之播種深度——作物之枝葉，某程度與此關聯——，各種之耕種方法——撒播、條播，條播後鎭壓等——，各種之整地法，種種之早耕及諸種之土質等相配

合，其又果如何耶

加之，最後猶有於農業者爲決定重要之問題，卽各種配合之中，其以何表示最高之純益率乎？斯何以故？因獲得最高之粗收益，其於農業者絕非成爲問題。吾人前此敍述，雖僅以粗收益之多寡爲問題；然而實則斯非問題，其成爲問題者，乃最大之純收益。惟此最大之粗收益與最大之純收益，其絕非相依相輔而並行不悖者也。

因是余於茲願提出一疑問：計算若是其複雜之事項如何始可能耶？『正確』之計算，固不可能；且無待言，農業者亦不知高等數學與微積分等，假如使卽知此，亦不能應用之於此時。何耶？因將如斯複雜關係之事項，一一以數學而釋明之，終不可能也。

農業者必須具有如次之能力，卽能理解其所接觸事物之因果關係，因以能洞察各種農業經營法之長短得失，且於必要時，能以數學的方程式表示之。此爲唯理的農業者之所要求，吾人每聞此言，遂憶及萊門德（Du Bois=Reymond）名著中關於自然認識之限度（註）之一節。是節乃萊門德就全智之靈感，卽於最短時間內能洞悉全世界所有原子之位置與運動之靈感而立論者。

利用此種靈感，吾人可依機械的世界觀之立場，將世界中之所有事象，視爲一系列之方程式，即所謂「世界方程式」而解釋之。故若能將此方程式適當應用，在過去既測知各原子之爲如何運動，則於將來亦可以推定其爲如何運動。又倘於此方程式代以相當之時期，則歷史上之事跡，比如戴「鐵面具」(Eiserne Maske)者究係伊誰，即可明悉。再以之應用於將來，則比如英國之石炭究於何時始能燒盡，亦可得而知矣。要之於彼不分明者，蓋未之有。

（註）於茲所引用者，爲該書之第七版——一八九一——。此外，可參閱其所著之世界七謎（Die sieben Welträtsel, 3. Aufl, Leipzig 1891）。——他如藍格(Lange)之卓越大著唯物論史（Geschichte des Materialismus Volksausgabe, Leipzig, bei Kröner 1907）第二卷第五十九頁以後，亦可參閱。

雖不必如是之甚，然而唯理的農業對農業家所要求者，恐猶依然爲遐空的全智全能也。即於對某種農作業之決定要因，科學祇無非予以一部之解釋時，對實地之農業家，卻反要求其須具備能辨別各種之農法，爲互相之比較對照，以判斷其孰優孰劣之能力。「汝等如神，將止於知善」(Eritis sicut Deus, scientes bonum et malum)。

雖然，實地之農業者，實際上絕非如斯。良以所及於農業上事物與現象之所有要因之影響其眞能判知者，究非可能也，況以數字而算出此等要因之作用乎？吾人更返而就小麥之播種及其相關聯之事項，以吾人所舉之例觀之。農業者於此時所首當依據者，可知其至少一部分，既決非爲猶缺乏確實性之新耕法，且更非集合其完全未知之要因之遊戲。其所依據者，誠必爲其地方之普通作業法。此乃農業者由其父祖所學得者，亦爲其隣近之人所實行者。此地方之普通方法，其旣非爲如唯理主義世界觀之所謂古人任意想像者，亦非爲偶然發生者，而乃係以自然與文化爲條件所必然實現者也。農業者曾長涉數百年之久，試行其若此若彼之無數耕法，以努力求得最適當之播種方法。到處以經驗爲基礎而選擇最適切於其地之方法，將其傳之於子孫。所謂傳統傳授之重大意義，正在於此。吾人祖先，雖未必知悉其所採用適切方法之適切根據理由——卽吾人今猶往往不知——；然而彼等基於經驗，可以尋出其方法。例若某地方，其傳統之播種，以某時某時爲最良，則實際上，其時——多年平均——確亦得視爲最良之播種時。(註) 若吾人欲別由實驗而測知最良之播種期，則限於正確且一再施行其實驗結局，遂到與右同一之結果，自無疑義。關於播種量及其他之事項，亦同此理。然而若周圍事實起某種之變化，其結果亦必完全不同。例若某地方之農業，最近十年來異常集約，因而對圃場之施肥量，亦較從前增多，則播種量，亦必與以前普通所實行者不同——比較的少量——。又於歷來所播種之處，若適用新條播機，則與此相同，無待言，事態自不得不異。雖然，即於如斯事態之變化時，農業者爲其數量——如播種量——之測定，亦必依然基於其地方之經驗也。理論的算出與以前有異之新適量，乃不可能。

（註）農業者由於迷信，謂播種必須於某特定之日，如某種祭日或月之盈虧之時者，其於此不成問題，自不待言。惟農業上之經驗，與單純之迷信，必須截然區別者，亦無庸論。然而於此之間，欲劃分界限，則有時甚爲不易。

到處奏其重要之作用者，乃地方的場所的經驗，而此經驗之結果，正吾人所謂有地方的普遍性之農業法則。

茲更取一農場中牛之飼養組織之例而觀之。於此首宜如何建築畜舍乎？良以爲使畜舍全部適用，而且不爲高價，更使其飼養適合於現在程度之集約度，並顧慮及該地方之氣候與普通之建築材料等，則此畜舍之床與屋頂之材料以何爲最良耶？換氣之設備，如何製作始最適宜耶？其次，牛之飼養法中，以如何種類者爲最有利耶？宜留重者爲牛乳之生產耶？肥育耶？仔畜之養成耶？以及其他耶？抑或採取混合此等生產之方法耶？又其目的，宜採用如何之牛之種類耶？牛之育成宜如何耶？予全乳之期間如何？全乳之補助飼料當如何程度而予之？動物之豢養宜如何程度而爲之耶？榨乳次數宜兩次抑或三次？於小農經營之時，使用乳牛於勞役適宜否耶？若使用之，其程度如何？飼法如何？濃厚飼料之購入，以若何程度而始可乎？當給予之營養物如何？牛舍之管理者，當配置如何之勞動者乎？約言之，於此種種雜多問題，相繼而起，因殊使飼牛之農業者躊躇也。

似此各種要因作用之異常錯雜，農業者於茲能以數字算定，其果眞有如是想像之人耶？所謂多少之數，甚始終成爲問題，當其計算時，農業者果得適用如何之數字耶？且實地之農業者，果根本相信此種計算可能耶？凡此一切，吾人均深滋疑問。

於茲農業者實際上，必依如次方法而出發：即能適應從昔該地方所特有一切事實——斯不外吾人之想像（註一）——之該地方普通牛之飼養法。吾人於飼牛之時，非僅如依地方普通方法爲基礎之農業者，於此之際，亦與其他相同，基諸唯理的農業所要求之理由，且更進而恃經營者本其長期經驗所得之種種農業常識。所謂此農業常識，其於唯理主義者方面，雖有時全不承認或不置重；然實際上，則究占經營全體中之主要地位。農業者對不能理解之諸多事實，若臨之以本能的感覺，則頗能正確理解也。誠如席勒之所謂：（註二）『諸多之人類感覺，卻較其理性適切。若一反省，則於此始生錯誤。』（註三）

（註一）關此想像之根據，當於以後第八章淘汰之原則與農業之歷史的發達中說明之。

（註二）據席勒(Schiller)與哥德之交換文書——由拉茨爾之關於自然之描寫(Ratzel, Ueber Naturschilderung, 3. Auflage, Verlag von Oldenburg, München und Berlin 1911, S. 64)引用。

（註三）若余之所見無誤，布洛伊利(Broili)，關於植物之育種，曾特別高倡如次事實：即許多之育種家，雖異常留重於毫不能得其目標之演繹的理論，然坦率之育種家，卻實以其本能的育種常識而行之。參閱布洛伊利之關於植物育種家工作之觀察(Betrachtungen zum Berufe des Pflanzenzüchters. Fühlings landwirtschaftliche Zeitung 1910, Nr. 17)。——即於目前異常成爲問題之經營指導之時，亦爲重要者，與其謂指導者之具有能計算適當純益率之能力，毋寧謂具備自然之感覺。蓋老練之經營指導者，往往全不爲純益率之計算也。

所謂集約度者，於農業經營上，實完全具有特殊之意義。其深習農業經營學者，任何人亦知經營之集約度具有對於一切事物之支配關係。決定集約度之要因自屠能以來已爲人所周知屠能於其所著之孤立國曾以其自己所經營之臺樓（Tellow）農場簿記爲基礎，而假定置此農場於種種互異事實之下，以試行計算各種情形下之最有利集約度之爲何？大抵於農書之中，其如孤立國之費幾許勞力與時間而成者，殆甚少見。良以斯書之取材，主要係依據其影響之要因與事實之錯綜。屠能雖處處用擬制之數字，或於假定之上進行其研究，然關於此種事實，其以如何程度爲妥當乎？則未輕易予以斷定也。總之，此研究結果所謂屠能之集約度學說，實爲全體農學中最有光輝之鉅製，予支配全體農業法則以最良之解釋。

然而各個之農業者，果得同等算出其經營之最有利集約度耶？斯蓋終屬不可能之事。且縱令此種計算，得於某時實行之，然其必須爲一種擬制的假定，即有時正當有時又不正當也。唯有如屠能之天才而始得製就之方法，其他之普通農業者，雖模仿之，亦難於成功。——且假設將普通農業者無思索如斯困難之數學時間，或無此預備知識之事實，完全置之度外。蓋機械的能簡單計算此等事實之公式或方程式，實未存在也。

無論何時，其首先成爲問題之中心者，乃所謂或多或少之數量問題。余曾以曲線圖示屠能之集約度學說，闡明由於要素之用法如何，其經營之最高純收益，或出現於高集約度之下，或出現於低集約度之下。雖然，因其一切無非爲假設之舉例，故原則之解說雖形充分，但以之適用於各個具體事實，則殊無理。卽以曲線表示各個農場之粗收益——從生產力漸減之法則——，乃不可能也。蓋以其異常受諸多『事實』之影響而定，其經過大體僅得諸想像，至以正確方式用數學的表示之，則不可能。職是之故，所謂最有利之集約度，其以數學之正確性而算定者，終於不成爲問題。（註一）何耶？以粗收益之曲線種種變動，故總收益之最高點，亦爲之變動；質言之，卽此最高純收益於經營集約度之不同而出現也。（註二）

（註一）顧有數学修養之讀者，於玆注意，依余之設想，給與最高純收益之集約度，其於圖表上，既得引一定之切線於粗收益曲線而表示之，更可以計算算出一定之微分係數而決定之。

（註二）參閱拙著農業及自然科學論考（Kleine Abhandlungen aus dem Gebiete der Landwirtschaft und der Naturwissenschaft. Winterthur, Verlag von Moritz Kieschke, 1930）中之關於屠能集約度學說之數學的考察（Mathematische Betrachtungen zur Thünenschen Intensitätstheorie）1論文。

農業者當其實際決定宜如何程度而集約經營之時率以其地方之經驗普通所實行者爲基礎，並依彼自身之農業上直感與農業上本能，而定其行動者也。似此，若以其經營集約度定爲地方普通之物，且以其組織構造爲實行之物，則農業者將更極愼重爲如次之試驗。卽由於更提高其集約度，不愈可獲得較良之效果耶？雖然，反乎世居其地農業者之經驗而爲急性的『獨創』則異常危險。蓋以某地方高度集約經營甚爲普通之法則遞移於與此相反之另一地方者，卽欲將前此居住地之所謂『較進步』農法輸入於異地，雖數見不鮮；然其結果，終多致經濟的失敗。

舉例暫止於此。農學之其他領域，無待言，亦可加以與此相同之考察。然而所謂農學，實非如唯理派之所想像若是其易解者。蓋已知及未知之要素，積極的（助長的）及消極的（抑制的）之要因，其作用實不勝繁多；而且此種作用，其異常錯綜者，亦係普通之事實，所謂『要因之交織』（Faktorengewirr）（註一）者是也。計算如斯要因交織之結果，其縱如何期望，然而究非可能，卽其絕不克爲之想像與實行者。其得確實而爲之事，唯有由於實際上之經驗，而測知其結果也。是故地方的及習慣的實地經驗，殊有重大之意義。（註二）吾人如過忽視此等經驗，反以純理論或可謂無非明瞭其中一部分之事實爲基礎，欲由大抵似屬相宜之法則，而改造農業組織，則吾人正蹈如好萊斯(Horaz)之詩中所歌之覆轍。

自然之力，一時縱能排除兮，然終必再還原。

Naturam expellas furca, tamen usque recurret.

（註一）要因之交錯(Faktorengewirr)一語，爲湼勞兩與盧倍爾(Brockmann=Jerosch und Rübel)所著由生物學觀相學見地爲植物界之分類（Die Einteilung der Pflanzengesellschaften nach ökologisch=physiognomischen Gesichtspunkten. Leipzig, bei Engelmann, 1912）中所使用之語。

（註二）勞爾(Laur)於其所著之農業經濟學理論(Theorietisches zur Wirtschaftslehre des Landbaues, Fühlings Landwirtschaftliche Zeitung, 1912, Nr. I.)有言曰：『吾人若完成農業經濟學，……使學理與實際不致絕緣，則必須愈以諸多之實地資料爲學理之根據。實際家，對僅由演繹所成之學說，其不信賴無以復加。彼等之此種見解，自非錯誤。何以故？因此種學說之前提，於許多之時爲不當也；且卽優秀之結論，其基礎亦頗薄弱也。由演繹所成之學說，其以諸多抽象概念爲前提者，實居最大多數。是故於實際生活上，各種不同之諸多要因，雖爲綜合之作用，然關此演繹學說之意義，則動輒爲過大之評價——如收穫遞減之法則——。歸納之研究，殊爲防止斯弊之無上手段。』

人類為獲得農業上之各種知識，或經數百年或經數千年之悠久歷史，試思此為如何之困難乎？吾人必須知悉實際家果得忽視其農場經營法之歷史成立，而以理論或可謂任意評量其一切之價值或發見新法耶？即精通其道之專門家，猶多難斷其決定要因之為何，然則實地家果能僅以理論而決定之乎？此蓋屬全不可能之要求也。

唯理主義者，以其於暗默之間，認農業係屬先天所能明瞭其理由之事業，致使農學者於不知不覺中陷入錯誤見解者，實非少數。如人所周知，理論家之中，當其說明一向不知其情勢之地方農業狀態時，立即批評其種種之事實，毫無思慮提倡所謂較現在該地方普通所實行之農法為更完全之改良農法者，實數見不鮮。且此學者自身，對於如斯之皮毛說明，其如何妨害農學全體對於一般實際家之信用，彼則不知也。

唯理的農業式之見解，實動易使後進者對實際狀態下輕率之判斷。若某種之事實於茲出現，則必逞強加以解說。故唯理主義者，欲判斷批評一切，即首先要予以解說。(註)且其解說，往往為異常之假設者，彼則不復注意，更欲使實地之農業組織，亦須儘量準據於此。試觀從來農學中，此皮毛之解說，爲如何之多乎？此膚淺之見解，爲若何之巨乎？理論本位之研究家，不正得意於其因果關係之皮毛研究，而十足本其威勢以卑視僅恃經驗之實際家乎？對積數年或數十年努力而獲得之頗重要知識，縱不完全貶之爲可疑之物，不亦視之爲幼稚而且低級者乎？尤其此經驗之知識與彼等所謂『科學研究』之結果不一致時，寧對之懷疑蓋理論家之『獨創』，於農業上，已屢奏其有害之作用矣。

（註）說明淸新而暢達，然如不合則棄之。

然而所謂錯誤者，任何科學亦有之，斯乃不能免之事。雖然，對於視之似屬科學之知識，如要求其一弦不易卽適用之於實地農業，則不能謂爲不得已之事實。要之，所謂實地應用者，用假設的而倡導之時，宜予忍受之；其如更進而依異常俗說且非常錯誤之巧利說，所謂農學者，必須立卽有利於實地之改良，且不寧唯是，其本來之目的，卻在於此，則斯殊爲非常之輕率，至少亦爲任意之獨斷。關此所謂學者得改善某種實地之虛榮見解——路布利克（Rubrik）著之對於農業之功績（Verdienste um die Landwirtschaft）——，實有其莫大之作用。雖然，眞正之科學，係屬平靜者，（註）其絕不吹噓自己也。且其是否有利於非專門家及單純實際家之用？如斯疑惑，亦斷不成問題。

（註）眞正之藝術及科學，其本質係屬平靜，而殊嫌其與喧擾之時事問題發生關係者，斯已屢爲人所高倡。拉茨爾——關於自然之描寫（Ueber Naturschilderung. 3. Aufl, S. 164.）——曾舉如次之例，卽溫克曼（Winckelmann）稱贊希臘人作品之『崇高之單純與平靜之偉大』是也。席勒於藝術之恭順（Huldigung der Kunste）中，亦如次曾曰：

如神之崇高兮其在於眞正之平靜之中，

若欲感識之，唯有由於平靜之精神。

凱萊(Gottfried Keller)於 Grünen Heinrich 中曰：『世界於其內心上，係屬靜止的與沉默的，故人類若欲充分理解此世界，亦必須靜止而後可。』此外，可參閱第四章農學之地位與任務中所引用加倍爾之短詩。

以上吾人曾列舉關於農業偏重唯理主義見解之弱點。而且吾人極端排斥此種流行之偏重唯理主義。雖然，同時於他方吾人亦絕非採取如次之立場：卽理論研究無何等之用，實際家必須完全由經驗而從事經營也。蓋非如此，其必爲立於極端反對之見解，所謂極端者，若以吾人之所見，變方——農業上之唯理主義見解與純經驗主義見解——均屬不健全者也。農業者，於某程度，固得以理論考究爲基礎而善爲處理實地之工作；但祇以理論之考究，殊不充分，故理論更必須以經驗補足之檢討之也。似此，事態倘少明瞭時，從來實多祇恃經驗耳。(註)

（註）『農業者多不能支配農業生產之各個條件。此其理由，亦至簡單，即吾人尚未知此等條件也……蓋於茲其有關係者，爲生命之發生及生長；然而科學關於此等事項之知識，僅無非握其端緒而已。』——魏格沉斯基（Wygodzinski）著農業生產之強制與獎勵(Produktionszwang und Produktionsförderung in der Landwirtschaft. Heft 5 der Beitr ge zur Kriegswirtschaft, Berlin 1917. S. 12)——

吾人更返觀前述之例。農業者當其播種小麥時，不能以數字測知影響於其結果之諸要因，是故農業者關於許多事項，必須完全恃諸經驗，此已於前敍述之。雖然，其於某一定之程度，農業者得依據理論研究之指示，且其如此，始爲適當。例如農業者於特別肥沃圃場之播種，在此種土地，若以普通之播種量，則小麥有倒伏之虞，故經營者，其於此時，以薄耕爲普通。然而此薄耕之程度如何？決定此種事實者，實爲基於經驗之農業常識。又於另一圃場，則早種小麥，於他一圃場，則遲耕小麥，當此之時，第一圃場必須薄耕，而第二圃場則須深耕也。更若於此一耕地，以前作之關係，對耕種小麥含有充分之氮肥，於他一耕地，則與此相反而必須施用氮肥，則農業者於茲自必考慮每畝約需幾何之肥料？且以何時施用之爲適宜——泰半以春期追肥而施予，然究爲春期中之何時耶？——等。此等一切，悉爲予所有農業者實地作業以強烈影響之理論研究問題。故於此種事實，唯理主義之理論，亦有用於實地之農業也。雖然，純粹之理論，卽離開實地經驗之純理，則絕不能有用。若所謂「幾何？」之數量問題，其決定此者，則唯須恃諸實地之經驗。

於農業之其他部門，其理論亦屬相同，故更行擴大此外之例證，暫且省略。

更重複言之：當研究關於農業之特殊具體問題時，非僅依理由與理論之考量，同時農業上之經驗常識，亦有其重要之作用。此種常識，非惟使農業者之知識倉庫爲之豐滿，而且復爲其能力之基礎。（註一）實地家由於此常識而決定與其地方普通之經營方法，如何程度當使之一致，或若何程度當使之不同。且基於此常識與實地之經驗，可以數量的決定理論的考究之結果與要因——以前揭小麥播種之例言，如播種量，施肥量，適宜於整理之濕度等——。農業者於被勸導完全變更其經營組織，或由外界要求異常變革其經營之時，多依據此經驗之常識。若其不然，農業者欲以數字的研究此種事實，因而以道理揑造其結論，則彼實將爲狂人。農業者當被勸導改良其工作，而決定果否採用之時，其經驗之常識，實遙較理論爲有用也。（註二）

（註一）動詞之『能力』，本導源於名詞之『技術』農業非僅爲一科學，而且係一技術——於實際上學習時——，固已屢爲人所高倡之正確之論。

（註二）若余之見解無誤，則原始的殆未依論理的結論之人類基於其感情——常識的——與本能之行爲，可稱之曰『先論理的』。且吾人卽於各方面均有論理之今日，大部分之工作，猶必須以此感情——常識的——而決定之也。

此種事實，關於實際生活上之其他事物，不亦同其理由乎？於社會上活動之人類，當其分析層起於實際生活上之諸多盤根錯節事物時，果僅以理論而行之乎？抑或基於道德書中之格言或其他某種理論之指示而進行之乎？於此之時，至少其進路之大部分，非僅由於其常識之指示乎？卽就傑出之政治家，於其欲行某種經綸之時，例如就俾士麥（Bismarck）欲建德意志帝國之時而觀之，彼果僅由於唯理論的考究而實行之乎？於此之時，政治家之正確常識，不亦同有其重要之作用乎？果此，然則所謂農業經營之異常錯雜且究不得以數字算定之關係——經濟的——之混沌世界，（註）其理不亦絕不能有異乎？

（註）魏格沉斯基於其農業生產之强制與獎勵（Produktion z ang und Pro inktionsf r'erung in der Land irtschaft. Hoft 5 der Beitr ge zur Kriegswirtschaft, Berlin 1917）第二十二頁中曾使用此混沌世界（Mikrokosmos）之語。

於農業上，若欲明瞭其因果關係與數量測定法之事物，即得以徹底究明之事物，自亦可爲唯理主義之研究。例如概可研究且得判明其性質之人造肥料，其得施用之於農業是也。於許多之時節——不可謂爲一切之時節——，關於如此如此之肥料，須施用之於如此如此之植物，又施肥於某種之土壤，其將得如何之結果等事實，大體上可以預知。蓋於此之際——非僅爲一般之事物關係，未必異常錯綜，因而關於此一方面，其有恃於唯理主義之考究者，事實上，殊非少見。——然雖如此，其如有認爲此當適用於農業所有各方面者，則吾人以斯殊非得當。良以其他之諸多農作業，不能爲如是之究明耳。如動物飼養，已較植物之施用肥料遙形複雜，故家畜飼養學之實地應用，較諸以前肥料學之應用，便爲異常之困難，且多疑問之點。若依吾人所見，即現時之家畜飼養學，其已至偏於唯理主義者也。總之，卽祇栽培某種作物，非惟必須考慮及其肥料，且卽土壤之處理，農具，品種，植物病理與收穫之關係等，亦必須注意之，尤有進者，其全農業經營，宜如何配合而始適當？復必予以講求。試觀事物關係，實際上爲如何之複雜乎？故依吾人所見，斯時唯理主義之研究，在有用於實際之點，終不及經驗也。人類頭腦中之抽象的精神的合成，與實際社會中現象之具體的合成，絕非一致。蓋以後者正爲各要素之交織狀態，不易洞觀之也。(註)

（註）此正爲「現象之客觀的論理與思惟之主觀的論理」之對立。

如斯事實，非惟農學若是，卽其他諸學，亦得等量齊觀之。例如國民經濟學之方法論，抽象的思辨的研究與現實間之不一致，亦成爲重大問題。終於以此爲動機，而招致以先驗的理論構成爲主之古典派之衰落，與代此而興之歷史的實證的學派之抬頭。此同等事實，於其他學問上，亦得承認之。關此，吾擬於後章再行討論。總之，現實生活，多取不可思議之表現，其決不依單純之論理，而取唯理主義論理所規定之經過以表現之。

第六章　農業之實驗研究

自然科學研究上，實驗固有重要之意義；然即爲此所促，其於農學上，亦確定有所謂實驗之理論。塔爾——與其以前之諸多人士——爲確定農學之基礎，固曾力主實驗之重要。及李比西創設農藝化學後，關於農業之實驗研究立場，更爲有力。其於今日各文明國，殆無一不以農業試驗場，農業大學附屬研究所，實驗圃場，園藝實驗地，家畜飼養研究所，酪農研究所等之多少施行關於農業實驗研究之機關網所籠罩也。然而如此，仍多異常不充分。若增設實驗圃場及其他與此相類似之機關，當更奏其顯著之效績，被認爲如是之州，仍復不少。以改善施肥法與改良品種爲目的之實驗地與指導地等，於諸多之地方，尤其於小農經營地方，尚有設置之必要。又於實行放牧經營之地方，亦必須設置芻草研究地，或相類似如此之設施。更於葡萄栽培之地方，爲試驗葡萄之新種——雜種——與葡萄栽培之新方法等，其重新設立圃場，亦屬必要。

農業上實驗研究之極其重要，本一般所熟知。尤其比較——對照——研究，至爲農業研究所採用。例如爲知氮肥及於收穫之影響，以一方之土地，爲無氮肥區，以他方爲施用氮肥區，於此土地實行栽培試驗，而比較其結果。又若欲知深耕法之影響，將試驗地區之一部作深耕，他一部作淺耕，因以比較斯二地區之收穫。更爲試驗濃厚飼料之營養效果，對若干頭之動物，不給以濃厚飼料，於其他若干頭之動物，則給以濃厚飼料，至普通飼料，則雙方同等給之，以比較其結果。且實驗研究方法，以時間之經過而改良，誤差可使其儘量減少。又最近十年來，對實驗之精確度，爲施一定之數學的檢查，至特別利用誤差確率算法。故關於可供實驗用之土地面積，對照試驗地區數與其他事項，亦得決定一定之規準。然即如是述，亦非必謂諸多之研究，無疑義，其較諸從來爲正確也。

惟實驗研究，其於農業學理上及實際上爲非常之重要且有效者，自係事實——然雖如此，此研究方法之價值，猶有一定之限度。由於李比西及其後進者之影響，所謂農業研究者，一切悉以實驗研究而進行，對其他之研究方法，現猶不知爲問題者，實非少數。雖然，此則爲異常之偏見。

對勝任且勤勉及富於天才且深爲注意之研究者，其貢獻於農業及農學進步之功績，任何人

——吾人亦然——亦不能懷疑李比西昆恩，黑爾里格（Hellriegel），麥克爾（Maercker），華格芮（Paul Wagner），愷爾芮（Kellner）門第爾（Mendel）與其他之人士，其創立如何之功績，吾人固最熟知。惟其於茲不爲問題。然一切之實驗研究家，其縱不必完全以其他一切之研究方法爲非科學的而否定之，但簡單予以排斥而不採用者，則係事實。於是其成爲問題者，許多之人士，以未具自信心與精神之獨立性，故於一方不能忽視實驗研究之認識能力有限與有缺點；於他方依實驗研究以外之研究方法而爲現實之研究，即研究地方之普通經營方法，爲檢查基於實驗之學說，亦乃完全必要所不可或缺者，對茲事實不明瞭也。過大評價實驗，亦爲唯理主義世界觀所有之一缺點。

關於此點，容吾人稍加以詳細考察。

茲假定依一般所承認之普通方法，而實行某一種之比較研究。且於此實驗上，亦無顯著之錯誤，實驗之經過，亦屬明瞭，實驗者可正確解釋其實驗之結果。然而於此種實驗方法，若祇就唯一之要素，即正欲知其作用之要素，加以一度變更而觀察，則此種實驗之結果，祇無非予一種要素作用之說明而已。

雖然，農業上之現象，試觀其爲如何雜多要素之合作乎？吾人爲闡明此種事實，前曾舉小麥播種之例——第(九十六頁)以後——即由於種子之特性——其本身亦爲複雜要素之結合——，氣候之狀況——此亦相同爲複雜要因之集合——，土壤之性質——同上——，前作物，施肥，整地，播種法，播種之深度，與播種量等等之此種一切要因之集合，因以形成新小麥生長之條件。

今若依唯理主義方法，以實驗爲基礎，而眞實測知小麥之最適當方法，則吾人必須就此等要因，而一一實驗之。且不寧唯是，更必須進而結合此等一切要因，且算定如何結合之，而始最適合於目的。雖然，計算如斯交織之要因理論的加以改造，而爲人工的觀念的合成，其根本上，乃絕對不可能者。蓋已屢如前述，當爲如斯組織之改造，必須數量的一一測知各個要因之作用，惟若此事實，就異常複雜之現實，終弗可能者也。複雜要因結合之眞實作用，唯有由於實地之經驗而始得知，即於此基諸經驗之農業研究，始有重大之意義。

由於上述，實驗研究之主要難點，雖可明瞭；然於此之外，實猶有若干困難，至少亦於諸多實驗研究而發生也。於右述情形之時，吾人預置一得正當解釋實驗結果之前提，雖然，此種前提，絕非當然之事。縱以極深刻之注意而從事實驗，然以此即認爲自然可得明瞭之解答，此實完全錯誤。不寧唯是，以僅加減唯一要素之諸多實驗結果之不同，而認爲卽可知其要素之實際作用，斯亦屬同等之錯誤。是則得實驗結果之正鵠之解釋，卽予無誤之判斷，試觀其爲如何之困難乎？研究者之有無天才，由此實可明瞭也。正確施行實驗，任何人亦能之，至少其大部分，爲練習與技術之問題；然而正確判斷實驗結果，則爲天賦之才能問題。(註)

（註）許多懸擺之不絕擺動，許多蘋菓之由樹墜落，許多蒸盞之以沸騰水蒸氣而不斷掀動，惟一向從未有人由此而想及擺動之法則，物體下落之法則，與蒸氣機關之發明。——哈恩之由鋤至犂（Von der Hacke zum Pflug, 1914, S. 28.）——

實驗結果之判斷，至爲困難，就作物種類試驗之例而觀之，亦至顯然。依唯理主義的農業之思惟法，將各類品種之穀物與馬鈴薯等互相隣近栽培之，其他之一般耕耘操作完全使之相等，然則其如何之種類者最適合於此處之土地？實易於知悉。果如是言，自係簡單，且其於理論上，亦似可認爲完全正確。——雖然，錯綜之現實世界，卻往往抹殺其全部之結果也。

茲取受德國農事協會（Deutsche Landwirtschafts＝Gesellschaft）之委託而實行之諸多品種試驗，發表其結果於該協會研究報告 Arbeiten 者爲一例而觀之。於此之中，實往往表示有衝突之結果。且卽以此種結果爲基礎，而探討各品種之要求，並斷定如斯之品種，適合於此種之條件，亦十分困難。現猶異常凊晰殘留於余之記憶，余曾訪問勞蘭（Lothringen）之一老農，其人乃於德國農事協會指導之下，長年間實行穀作之品種試驗者，彼當時對余之訪問，曾謂燕麥之品種試驗，雖已實行多次，然而如何之燕麥最適宜於自己之農場，現猶不能明白斷定。

自己躬親品種試驗之有經驗者，當熟知判斷其試驗結果之爲如何困難？於同一圃場試驗，去歲雖以此一品種表示最大之收穫量，然今年則以他一品種爲最高。果以繼續若干年之試驗，始可得滿意之平均數字耶？謂三年足矣者，不少也。然此實爲異常之獨斷。因各年之經過，有時大相懸殊，故僅三年不足也。

更可謂有如次之事：卽若欲適確實行品種試驗，須同時於許多地方，一年或數年間設定許多之試驗地，而由此所得之諸多結果，以算出其平均之數字。其果如此，則得免除偶然之錯誤，故最後可得較正確之結果。惟對此余於以前所發表之論文，(註)曾詳細指摘此種方法，亦有甚大之缺點。若平均各地方所設立實驗區之結果，則各品種所具有之各自特色，亦必無理由而拂去之也。此種事實，以例示之，至足明瞭。茲假設栽培試驗地爲甲乙二農場，且於各農場所試驗之二種互異之小麥品種，以a b表示之。似此，於甲農場，a之品種較宜，於乙農場，b之品種較宜，斯乃常有之事。此恐由於a特適於甲農場，b特適於乙農場使然也。其例如次：

每法畝之收穫量（單位 $dz = \frac{1}{10}$噸）

	甲農場	乙農場	平均
a	二〇	一九	一九・五
b	一六	二二	一九・〇

卽平均觀之，a爲一九・五，b爲一九・〇；易言之，若一平均，則其結果，兩者約略相同。然而實際上，斯二品種，恐屬完全不同者，寧係a品種適於甲農場，b品種適於乙農場，徒以平均之故，致斯

一品種之差異，稍形不明瞭耳。於是其平均多數之試驗結果者，則有與一切品種殆呈示同等結果之現象——如德國農事協會之研究——必然出現也。收穫量最多之品種，往往視之不一定超過一切品種之平均以上。然而實則就特定之情形，即於某種條件之下，此一品種適宜，於彼種條件之下，他一品種適宜，取此事實而觀之，則其差異遠較平均算法為大。

（註）克拉孛斯基之農業論叢(Vermischte landwirtschaftliche Aufsätze, Heft 2, Verlag von Eug Ulmer in Stuttgart 1915) 第二卷中之一論文，穀作上之幾點論爭 (Einige Streitfragen aus dem Gebiete des Getreidebaues)。

單純的機械的算出品種之特性，有時乃完全不可能者也。若欲於某程度抽出各品種之要求，必須先依其土質氣候集約之程度——耕作情形——等，慎重分別分類其試驗地，就各區而算定各自品種之特性。然如斯分別，則此次於各區中所平均之試驗數較前更少缺點，即偶生誤差立可發見於全體數字亦無大影響。其結果，有似在天秤之兩端，必不致略輕略重。

實行品種之適性試驗，例如就穀作而論——若確欲達到具有若干確實性之結論，實必需諸多之知識，且熱心埋首於種子學之研究，亦屬必要。埋首於研究事項中之例，可舉余所尊敬之耶拿(Jena)恩師愛第勒(Edler)其人。愛第勒當於其講義說明品種之特性時，曾引用許多材料。然觀及愛第勒之所發表者——德國農事協會之研究報告——，則知若以彼自身所計算之平均數，其絕不能輕易把握品種之特性也。蓋已如右述，僅以機械的計算乃一向無能為用者。

關於當判斷解釋品種試驗之結果時，其為如何易陷於錯誤？於茲且舉一具體之例說明之。今假定於此就改良原種小麥與方頭種小麥(Dickkopfweizen)之收穫而比較之。且此兩種小麥，皆儘量使其於相同條件之下而栽培。余已知實驗者比較斯二者，均謂方頭種小麥，草質雖非常良好，然而改良原種，亦可獲得與此相同之收穫。於是余自己檢討此實驗。及一檢討，則知其所說者，雖確屬適當；然而以此實驗，謂有十分可信賴之價值，則不可能。蓋以於此之時，方頭種小麥，未充分深耕耳。原種小麥，如將其深耕，則有倒伏之虞，因此實驗者不能特別深耕也。反之，倒伏性少且直立性強之方頭種小麥，若欲得其最高限度之收穫，則必須異常深耕而後可。雖然，在如斯情勢下，因任何一種亦未深耕，故以此實驗之結果，不能比較改良原種小麥與方頭種小麥也。

關此猶可更舉一例。收穫量大之集約品種之優越性，謂其如次者，良不足奇。卽舉與右相同之例，以原種小麥之平均收穫量爲X_1，以方頭種小麥之平均收穫量爲X_2，X_2與X_1之差爲y。果此世人對之得爲如次之說明曰：方頭種小麥與原種小麥完全同等耕種之，則每法畝可多得y量之收穫。——於茲麥桿之收穫，暫且別論。——對此y量之增收，毫不需要較多之費用，故耕作上之純收益，惟有由於優良品種之選擇，而始得增加相當於穀物y量之金額。

雖然，此種計算，實非妥當。實際上，卽於此時，事態亦異常複雜。

方頭種小麥較諸原種小麥，實際總收穫既多，且純收益亦不少，恐係事實。然而基於穀粒增收之純收益增加，首先當非如右計算之大。何耶？蓋實際上，方頭種小麥之集約品種之耕種，較諸原種小麥之粗放品種之栽培，概屬需要許多之費用。第一、方頭種小麥，至易惹起其特性之退化，故必須時時重新購入原來種或第二代種或與此相近者，卽種子費之價値高昂。而於原種小麥，則長期內無如此之事實。第二、方頭種小麥，有時必須較原種小麥深耕，卽所要之種子分量多。第三、收穫多之品種，吸收土中之水分與養分亦多，故結局必須爲集約之經營。第四、收穫量若多，則脫穀、穀粒之精選與其他等，亦必需要甚多之費用，自係事實。故通計此種事項方頭種小麥之耕種，自較其他需要諸多之費用，且果欲作正確計算，則此較多之費用，必須從總收穫之增加部分以減除之也。職是之故，此方頭種小麥，較諸原種小麥，可得頗多之純收益，雖亦未可知；然而其所得之多，則究不若依最初計算之大。(註)

（註）於茲僅就方頭種小麥穀粒之收穫而言。如加以麥稈之增收，則事態當完全不同。

由此吾人更可指摘如次之事實——慮門克爾亦曾指示此點——。即歷來之穀物品種試驗，其數雖爲非常之夥；然關於特定品種之收穫量，爲得其相當適切之判斷，實驗地區之面積，最低限度必須幾何？如斯簡單問題，現猶未闡明。對於此種目的，最低限度需要幾畝之試驗地乎？固然，若干之團體，——如德國農事協會——，當其試驗穀物品種之栽培時，關於試驗地區之最小面積，曾設立一定之標準；但對如斯目的所需要之最小限度，則仍未究明。因是如右之規準面積，猶須大行規定也。

關於品種之試驗，吾人以上曾爲稍詳細之論考。惟吾人之所以如是者，畢竟不外爲明示此種相關事實，係如何之異常複雜？且研究農業上之現象，其爲如何之困難也。雖然，品種試驗，除右述之外，尚有異常複雜之困難。且不寗惟是，凡一討論此種問題，則新問題實陸續不絕爲之出現。

在農事試驗之中，某種事物，例如施用人造肥料試驗，以其爲非常之簡單，且結局其收穫量之差，亦大不同，故此試驗之結果，實得明瞭的且具體的而知悉。惟此外他種之試驗，則多屬複雜繁難，恰如品種之試驗者。於茲吾人可更重複言之，研究者之主要伎倆，實在施予適切判斷此等之實驗問題，絕非如諸多人士所想像之單純計算問題。

於茲猶欲特別喚起注意者，農事上之實驗，由其結果觀之，不外對歷來所實行事項確定其根據之一事耳。依所謂農業爲歷史的成立之吾人見解，自易理解此種事實——參閱第八章『淘汰之原則與農業之歷史的發達』——。農業上最合目的之方法，於其未由科學實驗確定基礎之前，卽已爲經驗所發見。斯種例證，於後述『實地之經驗』一章中，當詳細論述之。

更有實驗與實地之經驗相矛盾，亦比比皆是。惟於此種情形下，若更仔細檢討之，其以實地之經驗爲正確，實驗爲錯誤者，則又係普通之事實。蓋實地之經驗，縱令不以數千百年之經驗爲基礎，然亦多依據數十年之經驗也。關此吾人猶憶及一有名之例。據以前之植物營養學說，謂農耕植物，一切悉以化合體之形式而吸收氮氣。蓋世人當時尚未知氮氣攝取之事，其焉得而知？雖然，實地家於羅馬時代，固已知蝶形花植物——荳科——，以之爲前耕，最屬良好。惟據從前之水耕試驗，則謂對於蝶形花之植物，除化合體氮氣之外，其他於營養上卒無何等之用。降而至一八八六年，即黑里格爾（Hellriegel）闡明蝶形花植物與攝取氮氣黴菌（Baktrie）之共生後，世人見解，始行一變。即古代之實地經驗，於茲得其確認與證明也。

茲更將見地擴大觀之。世人認爲農業得以某種比較簡單之方法而改善者，固數見不鮮。然如知所有農業方法，悉爲實地農家於許久以前變換種種方法而試驗所得之結果——依確率算法之法則——，則立可明瞭以若是簡單方法，而改良實地之狀態，終屬難得。黑格倫得（Hegelund）式之榨乳法，果如何程度爲實地所採用耶？德國之農業者，其從事穀物耕作，果基於第穆徐士克（Demtschinsky）之方法耶？粉狀之佛歐里特（Phonolit），果於何處爲鉀肥而使用之耶？若此等簡單方法眞爲有效，則必早於許久以前已卽實用之也。故如斯之努力，其大多數，徒無非爲單純之流行。固然，關於此等事項爲學理之研究，吾人對此絕不加以異議；（註）惟其追逐時髦，而要求將其應用之於實地工作，則殊不當。其稍作歷史的考察者，對此種錯誤，自易避免。

（註）實驗研究者注目新聞偶然流行之問題，除蒐集外，別弗能爲良善之分析，縱一時作十餘次之實驗，亦自不適合於思想之獨立性。

關於農業之事項，當其完全一變時，卽例如某地方全體採用較從來爲異常集約之經營法時，則事態完全不同。於此之時，其以前未成爲問題之方法，今則變爲實際有效者，因而試驗完全一新之方法，亦誠既屬適當又屬必要。

實驗派之農業研究者，爲粉飾其所說，而一再使用自然科學所引用之形容的修飾詞，卽所謂『正確的』（exakt）（註）形容詞，於農業經營學中，其使用此形容詞者雖少，然亦究有若干也。

（註）例如昆恩（Jul Kühn）於其方法論之研究，常昌言農學具有基於其『正確的』研究與試驗而促進農業進步之功用。蓋昆恩乃採取唯理主義之立場也。參閱昆恩所著之哈萊大學之農業研究（Das Studium der Landwirtschaft an der Universität Halle–Halle 1880——）

余猶藏有一九〇二年昆恩致余之函件。此爲答覆余當時向彼請求學位之回示，彼謂須根諸實驗乃寫學位論文。

自然科學，得稱其研究爲『正確研究者』，就歷史觀之，至足了解。因自然科學，比較哲學及其他之學說，於由過去數百年間以訖今日，其猶不確定，有時多無非爲腦筋中之所捏造者，語其根據，自較正確也。然雖如此，其使用『正確之科學』『正確之研究』等語，則大成問題。

『正確的科學』一語之意義，至不確定。若一觀買雅辭典 Konversations = Lexikon，則知於所謂正確的一語之下，有如次解釋曰：『所謂正確的科學者，乃以數學的正確求解決其問題之學——數學，物理學，化學，天文學，機械學——也。』然而於自然科學，往往更廣義解釋此種概念。吾人於茲不憶及敖斯特瓦爾（Ostwald）所監修題名正確科學之古典叢書之著名自然科學者之叢書，於此叢書中，非惟記載右述之自然科學，即其他之科學，如細菌學，遺傳學，花卉生理學等，亦敍述之。近來更進而關於農業之論文，亦網羅於叢書中。似此，終於除數學自然科學之外，關於其他學問，亦使用『正確的』形容詞。因此，所謂正確經濟研究之語，亦成爲問題。

依吾人觀之，所謂眞實正確之科學者，僅有其一，卽數學（註一）是也。數學之一切定理，實屬「正確」「確定」與「確實」；至少除一二之數學上概念例如屬諸所謂無限超感能之領域，因而弗能以人類之理性充分理解之概念——於茲數學與哲學有相聯絡處——外，任何一種，亦屬如此。然而於自然科學中，若一觀其最接近於數學之物理學，於茲則甚久期間，其一切之知識，不必悉爲正確也。因是必須以假設爲基礎而研究者，自不能不承認其夥。雖然，其於物理學，能爲精細之計算者，無待論，固屬正確；惟此僅限於恰適計算之範圍內。此外，則一般須利用假設，且此假設，亦爲不可缺之條件。例如吾人雖曾討論力學中所謂重力與引力之概念，然而對此本質爲不可思議物質間之引力與距離之關係，吾人則不明瞭也。（註二）又光之現象，長期間雖以胡根斯（Hughens）之波動爲基礎而研究，然其後此學說，則更由馬克斯威爾（Maxwell）之光之電磁說而補充。且於茲吾人更可想起關於「物質」「動力」物理學上概念之哲學問題。要之物理學上，到處以假設爲基礎，且於一部或全部本質猶未明瞭之概念上，而進行其研究。然雖如此，物理學仍不失爲比較甚正確之科學。現如由物理學而移入其他自然科學，卽天文學，化學，鑛物學，地質學，更進而至於生物學，卽植物學，動物學，人類學，生理學，病理學與進化學等，則正確之影實益形薄弱。要之，反對此一學說，而有他一學說之爭衡；此一假設，則對於他一假設而表現之也。此一學說與彼一學說果孰爲正當乎？孰得正確證明之耶？立於假設之上以進行其研究者，正爲自然科學之本質。（註三）

（註一）康德（Kant）於一七八六年所發表之形而上學之自然科學入門（Metaphysische Anfangsgründe der Naturwissenschaft）中，關於同等之事實，曾爲如次之言曰：『於自然研究之中，祇有能適用數學者，始爲眞正之科學。』

（註二）關於重力本質之假設，遠則爲伊申克拉（Isenkrahe）所集錄，近則由愛因斯坦（Einstein）加以新的解說。

（註三）自然科學出發點之假設（Der erste Anfang der Naturwissenschaft: die Hypothese——Lange, Geschichte des Materialismus. Volksausgabe, Band I. 第四十六頁——）

是故依吾人之見解，謂自然科學爲若是其易之『正確科學』者，絕非正當也。卽其含有想像與假定，絕不讓其他科學。雖然，卽於非正確科學之學問，其爲異常正確研究者，固可得而爲。例如歷史學者，由一文獻之文體，綴法，字體，物質材料，則關於其年代眞僞及出處，實可爲頗正確之判斷。

所謂『正確的』表現，實適於使外行人具有如次之信念，卽自然科學，於其眞理之認識上，較之其他科學，立於較高一級之階段。其極，所謂『正確的』形容詞，自非完全無害者。吾人以爲竭力避免正確科學之語，或特別將其限定之於數學者，實最適當。

由於上述，在農學上，其使用所謂『正確的』研究之語，亦自不能認爲妥當。因此乃極偏狹之表現，論者由此或如是想像：卽以自然科學爲研究方法與手段之研究者，較諸依其他方法而研究者，得爲較足信賴之研究。如斯偏頗，乃吾人之所不能首肯者，關於農業，農業實驗研究，不必定爲唯一有效之研究方法。

假設疑問與不確實，在農學上，亦正如其他科學有同等之功用。(註)植物營養學與肥料學中之諸多事項，今非猶復不明且仍其疑問之原狀乎？固然，關此猶有許多『正確的』試驗之實行。於家畜飼養學中，此一研究者謂此營養物爲最適當，他一研究者，謂彼爲最相宜，因是非使吾人於黑暗之中從事摸索耶？而且此等研究者，均基於其所謂『正確的』研究法也。土壤學中吾人之許多知識，試觀其爲如何不確實且不妥當？如所謂粘土者何耶？關於其內部之物理化學的——膠質化學的，——構造，今日吾人猶僅知其假設耳。且即農業事項中之最簡單並極平凡者，吾人今猶屢有不能充分明瞭其意義之時。馬鈴薯之培土，於實際問題上，其爲有效之措置者，固不容疑；然而於馬鈴薯之栽培上，其果有如何之意義？歷來雖曾實行種種之試驗，但現猶在毫不明瞭之狀態。某研究者，謂其主要之效果如此，他研究者，謂其主要之效果若彼，此畢竟不外爲未明瞭其眞相之確證。雖然，唯理主義之論理家，卻一向無顧慮而指示實地家，如何之時爲馬鈴薯之培土，如何之時爲不可。

（註）教令有幾多之難問糾纏，
若誤其去就，將永遠不能重得。
——Conr. Ferd. Meyer, Huttens letzte Tage——

惟非僅從自然科學方面，即由國民經濟學方面，亦有將所謂正確研究之概念，塞入之於農業者。洛斯倭克（Rostock）之愛倫倍（Ehrenberg），曾發行名曰『屠能論叢、正確經濟研究機關雜誌』（Thünen Archiv. Organ für exakte Wirtschaftsforschung）（註一）之雜誌。此雜誌努力於擴充屠能式研究方法，期有貢獻於全體國民經濟。其發行者——愛倫倍，曾屢次明白表示

以屠能爲模範，而更行擴充『以正確比較對照方法之經濟學研究。』（註二）

（註一）Verlag von Gustav Fischer in Jena 發行，後停刊。——譯者

（註二）例如『正確經濟研究機關之設立案』（Plan zur Errichtung eines Institutes für exakte Wirtschaftsforsung）參閱屠能論叢一九〇九年第一六七頁以下（Thünen=Archiv 1909, S. 167 ff.）之愛倫柏（Ehrenberg）著作。

吾人絕不欲貶抑屠能論叢之功績，其中固曾發表有優秀專門家之研究。然而吾人認爲於此使用所謂『正確的』——正確經濟研究，正確比較對照方法等——一語，殊非適當。經濟學者使用其他之方法，即如依歷史方法而研究時，其果不正確乎？就余之記憶所知，屠能自己寧避免使用若是其誇張之語。（註）

（註）羅夏——於德國經濟學史（Geschichte der Nationalökonomik in Deutschland, München 1874, S. 881）——亦將屠能列於『正確派國民經濟學者』之中；然而羅夏於茲所謂『正確』者，實即『數學的』意義。

第七章　農業之非實驗研究

吾人於前章已知實驗研究，雖於農業上爲異常重要，然而究不能以之解決一切問題。僅由實驗基諸各要因之作用以分析一切現象，且本已意組織此等要因以正確化成現象，則此要因之交織，實可知異常鉅大，卽關於實地農作業、農業經營之方法及結果之正確經驗之記載，於玆實構成農學上之重要部分。雖然，爲檢察證明與修正實驗農學——其他方面，完全視爲另一問題——，純粹之記述，旣屬必要，且亦爲不可或缺者。故記載於一方爲農學之基礎，於他方則爲農業關係諸學說之試金石。

斯種事實，雖得先就農業之自然科學方面而言；但其經濟部分，實亦同等妥當。於實驗的研究上——自然科學的——，爲探求某一要素之作用，常實行比較對照試驗，卽對僅欲知其作用之某一要素，加諸種種之變化，其他之要素，則儘設使之相同，以比較其結果。國民經濟學上，亦有相類似然而祇爲抽象的行動——非具體的行爲——之方法。其方法爲何？斯卽關於某一經濟現象，假定一切要素爲不變，而祇注意於某一要素之變動，依據抽象之理論，以察知此可變要素之有如何作用。是順序就各要素而實行此方法，然後於知悉各要素之作用時，更依此等要素之適當配合，而探求全體要素之綜合作用。

然而於經驗上，此種方法，實有甚大之缺點。僅以單純之抽象與演繹，國民經濟學與農業經濟學，其絕不能確實樹立也。經濟學史，關於此種偏頗研究方法之如何危險，固曾充分教示吾人。重農學派與古典派之經濟學者——亞當斯密，李嘉圖，馬爾薩斯及彼等之後繼者——，主要係依於此所述之方法而研究。雖然，彼等研究之結果，往往與實際生活相矛盾。是故彼等之研究方法，其於學問上，雖有許多之優異作用；然而終被廢棄，反之歷史的經驗的研究方法，卻大爲盛行。（國民經濟學之歷史的實證的學派之抬頭）此農學中之經濟關係部門，自須依歸納之研究——卽由於記載，或於有必要時，以統計與簿記爲基礎——，卽於依演繹研究之時，亦必須以歸納研究而檢查且證明其由演繹法所得之結果也。農業經營學中主要僅由演繹抽象之研究方法——例如亞爾波

有依研究裝置之外形，而評定學問發達之程度之時代。即如顯微鏡一出現，動物組織學者與人體之主要工作，爲最重要之事外行者對此不能即行明瞭也。且不寧唯是，於其他學術界某一方面，亦記載與研究某地之農業，將其觀察質問之結果簡單記錄之抄本，則非若是其易於驚嘆者。研究者ten)，試驗管，新陳代謝研究器等，雖非常易於驚嘆；然而如觀及抄本，即農業之實際研究者，爲詳細關的價值，此則爲非常之錯誤。（註一）在實際上，凡觀及學術上之研究裝置，如顯微鏡，蒸鑵(Retor-究所，家畜飼養研究所，與實驗室等之研究，具有決定的價值，其他之研究方法，反此祇無非具有從

然則農學於實驗研究之外，猶必須採用其他之研究方法，可知矣。故若認爲試驗圃場，植物研

（註二）參照第五章『農學之唯理主義與要因之交織』中由勞爾論文所引用之註。

（註1）亞當波（ereboe）之方法，由其各種之著作，即例如農協及農地之經營第一卷農業經營學總論（Die Bewirtschaftung von Landg tern und Gr¨ndstucken I. Teil. Allgemeine landwirtschaftliche Betriebslehre. Berlin, bei P. Parey 1917）中，亦得容易知之。惟其於亞當波，以彼自身多與實地農業有關，且所引用之資料，亦至多基於其經驗所得之事實，故其演繹方法，可知當異常爲之緩和。

（註一）——，以吾人所見，其絕非毫無缺點者也。（註二）

組織學者卽利用之，往往遂以自己之專門爲『高等解剖學』或『精密解剖學』，而以其他之肉眼研究，爲『低級解剖學』或『粗笨解剖學』。且甚而如某組織學者，以普通之解剖學，稱之爲『切割解剖學』（Tranchieranatomie）。（註二）

（註一）阿爾淡得斯萊奔之納吐淑斯（H. von Nathusius in Althandelsleben），於高爾茲監修之農業全書（im v. d. Goltzschen "Handbuch der gesamten Landwirtschaft," Bd III, Tübingen 1890, S. 301）中馬之飼養一項下，曾如次有言曰：『在實驗室，雖倘視之爲至不科學，然於廐舍及鞍轡上，則可目之爲頗科學者。』

（註二）參閱希爾特（Jos. Hyrtls）之有名人體解剖學教科書緒論中之歷史的敍說。

記載的敍述的研究方法之重要，已如右述。吾人以後關於此種方法，尙擬重複討論之。

其次，重要之研究方法，爲比較對照研究。卽比較研究種種之國家，種種之土壤，種種之氣候異其集約度各農業等之諸種經營方法，與耕作方法等，則可以抽出其重要之結論也。關於此種觀察方法之說明，茲讓之於本書附錄『農業地理學』之一章。

更有供給農學構成之重要材料者，爲統計學，此尤以於農業經營學爲然也。惟其他之部分，例如農業地理學，亦得謂其如斯。總括言之，其統計的研究農業者，對此數字材料之出處及其精確之程度，必須首先詳細知悉也。此於官廳之統計數字，例如收穫統計，有時某人所想像者——勞爾（註一）爲過小，有時反此爲過大——瓦慕包爾特——。（註二）

（註一）勞爾之小農經營學（Landwirtschaftliche Betriebslehre für bäuerliche Verhältnisse, 2 Auflage, Aarau bei Wirz 1909），第三四二頁。

（註二）瓦慕包爾特（Warmbold）之戰時飼料穀物（Futter getreide im Kriege）——戰時經濟論叢第四卷（Heft 4. der "Beiträge zur Kriegswirtschaft）——，第九頁以後。

農業統計，曾屢屢指示卽居於其地之農業者現猶不知之事態。恩格布雷希（Engelbrecht），曾於其著書徐萊斯威西——好爾司坦之農耕及家畜（Bodenanbau und Viehstand in Schleswig=Holstein）（註）中，以統計爲基礎，而農業地理學的闡明徐萊斯威西——好爾斯坦之事情。彼曾對余言：彼自己雖爲居住該州之農學者，然而由於統計之研究，實獲得關於該地農業之完全一新之知識。

（註）此書由二卷及附圖而成。一九〇五年與一九〇七年，基爾（Kiel）之農業會議所出版。

農業簿記及由此所得之數字，對於農學之構成，亦可供給重要之經驗資料。簿記之集計，雖以其難避免許多之主觀的評價，僅由於二三農場簿記所得之數字，則其精確之程度，究屬異常有限；然而若由平均各種農場之多數簿記所得之結果，且以此平均爲基礎，而探求其法則性，則簿記之數字，亦頗增其確實性，而大爲有用者也。於此，勞爾之關於瑞士農業各方面亙長年所行之簿記統計研究，乃大博其聲譽。據勞爾研究，一九一五——一六年（收穫年度）——至於其他年度，亦可見有類似之結果。——瑞士農業經營之平均貨幣收入中，畜產之收入八二％（其中牛乳及牛乳製品爲三六％，）菓樹栽培之收入五・五％，然而穀作之收入，對此則祇無非爲二％，曾闡明如右之事實。(註) 此非爲具有異常特色之事實耶？瑞士之農業，一般偏於畜牧而忽視穀作，栽培菓樹之草地及其他之土地，爲數至夥之事實，實於此簿記數字反映之也。

（註）關於一九一五——一六年度瑞士農業純益率之研究（Untersuchungen betreffend die Rentabilität der schweizerischen Landwirtschaft im Erntejahr 1915-1916），瑞士農民聯盟事務局報告（Bericht des schweizerischen Bauernse retariates. Bern, bei Wyss, 1917），第一二四頁。

關於農業之經驗的——記載的研究，實驗的研究，比較對照法，統計的研究，與簿記的研究等，吾人以上曾順序加以敍述。然而猶遺一種方法，有待說明者，斯卽不外與右述一切方法相關聯之推斷（註）方法。

（註）『推斷（Spekulation）——lat——卽察知，哲學上之用語，乃人類欲認識其所未直接經驗之精神活動之義。——買雅辭典，第五版，一八九三年。——吾人於玆所謂推斷者，其意義實爲主要由於日後之歸納的檢討，而得釋明其妥當之學說及假設之構成。

此推斷方法，於頗長期間，固爲學者所不欲接受；卽現猶惡此之學者，亦復不少。探索其故，則畢竟由於此種方法易被濫用，他則恐未見及。創立學說及假設，任何人皆得爲之；惟此學說及假設其果妥當乎？具有若何程度之或然性（Wahrscheinlichkeit）？斯誠屬疑問也。歷來於許多方面，非由於優秀學說之層出，眞相非惟弗得而闡明，且反卻爲之蒙蔽乎？農業方面，其提倡學說，亦不加以顧慮，率以簡易之方法，而研究農業上問題者，實非少數。或可謂此如夏密梭培特徐來密爾（Chamisso Peter Schlemihl）之幻術袋，一切均如其想像而從中把握之也。

當採用推斷方法時，關於其他諸多事項，雖亦依然相同，但取愼重穩健之態度，則殊必要。蓋無推斷，則所謂科學者，殆一種亦不能成立。若吾人僅承認所直接目視耳聞心感之事實，則人類之知識，必將弗能如是之廣汎。故於化學，若吾人祇相信所直接觀感之事實，譬如分子說，以其無非爲知覺所不及之形而上學之推斷而排斥之，則化學殆亦碌碌而不能進步也。他若以太之推斷，試觀其於物理學上具有如何偉大之作用？然而所謂以太其物，非任何人亦不能直接確定其存在者乎？生物學，由於達爾文（Darwin）之提倡而相信進化說，於是得告一大進步；惟得直接觀及今日之人類與動植物，由其構造不同之前世紀生物變化而來者，恐無一人也。又如屠能之孤立國，任何處亦無其事實，徒無非爲抽象之推斷耳；雖然，其固曾究明諸多之實際問題，而使農業經濟學全體爲異常之進步。是故無幻想，一切之事物，均弗能順利運行。優秀之科學研究者，與優秀之詩人、傑出之美術家及音樂家相同，曾使用許多之幻想。其缺乏幻想之研究家，祇無非爲第二流以至第三流之學者。於茲其與科學及藝術，實有密切聯繫之一環。亦唯是故，優秀之學者，始對藝術有濃厚之興趣。誠然，任何科學，皆不外爲徐徐成熟歷史發達之美麗的藝術上之作品。——且藝術家，其經過由幾多階段而成之發展徑路，亦正無異於科學者。

哥德之所以於藝術及科學得爲異常偉大之貢獻者，畢竟由於其具備偉大之思想能力與異常發達之幻想也。於此意義，無論藝術與科學，其基礎概係一致。席勒與凱萊兩者，均於其充滿幻想之詩中寓有深厚的科學宇宙觀。斯二氏之其所由來，亦依然與哥德相同，而其有異者，祇天賦之資質，不若哥德之宏大耳。

鮑逸森（Boyesen）於其浮士德註釋（註）中，曾如次敍述曰：「……現時彼——浮士德——處於能利用學問之境地。而且此種學問，爲淺見乏幻想乾枯之學者等所小心翼翼研究，並積極保存其結果，至此等研究結果之果有何用？彼等則毫不之知。從事中世紀寺院建築之石工，曾以其機械的技巧而加工於堅實之花崗岩，製就羊齒之葉、柱樑之花、水管口上怪獸之型等，且至能與其全部設計相調合。同等事實，無名之學者，對其所製就之建築物之爲如何壯麗，亦毫未想及，而祇明白探求自然界中之各瑣碎事象……富於銳利幻想之敏慧天才者，對過去無名研究者所供給之一切混沌事象，曾以若干之犀利整理綜合，而製就富麗的有機統一體。」

（註）鮑逸森之浮士德註釋（Ein Kommentar zu Goethes Faust, Reklam=Bibliothek, S. 133-134）。

「哥德於其一生中，曾屢屢親自體驗此浮士德所經驗之眞實……」

自然，研究者與藝術家，不能無限制使用其幻想也。科學上之學說，如過多幻想，則其必多不適合於眞理。詩人若於其詩中敍述眞正之人生，實必須以正確幻想而爲詩之構想力；質言之，詩人作詩，亦須顧慮現實世界之特徵也。

關於藝術與科學之密切關係，拉茨爾於其卓越之著書關於自然之描寫（註）中，曾詳細論究之。關於此點，吾人擬以後將更予以討論。——

（註）拉茨爾（Friedrich Ratzel）著關於自然之描寫（Ueber Naturschilderung, 3. Auflage, München und Berlin 1911, Verlag von R. Oldenbourg）。

欲瞭解學問上推斷之重要，須首知假設之啓發意義。爲說明某一現象，諸多研究者，曾提倡種種之假設。此等假設，於其不斷試驗中，遲早其中之某一假設，終必與已知之事實最相符合者，至係明瞭。最近於眞理之假設，始說明最多之事實。而且符合於此假設之事實愈多，則此假設之確率亦愈增加，而逐漸成爲確實，於茲假設遂成學說矣。

於學問上，各種假設，曾互爲生存競爭，且此競爭，於悠久之期間，其能說明最多事實之假設，始占優勝者也。故若從來之假設，一切均非適當，則新假設必逐漸發生，終於與一切事實相符合之正確學說，遂底於出現。——由於如此生存競爭之淘汰，各種之學說乃以完成，因而全體之學問，亦逐漸告成也。

推斷方法之爲如何重要？學問上之經驗，固最明白表示之。推斷之重要且有效，實毫不讓於實驗研究。今日所實驗證明之諸多學說，其非最初由實驗所發端，而乃係由推斷以導源，世人殆完全忘卻之也。吾人前曾述及由於李比西之出現，實驗研究，於農業上之如何發揮其莫大之作用。然而於茲猶有興味者，雖李比西自身，亦曾謂其非實驗的提倡植物營養學說，而實係基於純理想以臆造也。植物以無機物爲營養之事，確非李比西自己由實驗而證明，如斯之實驗，乃由其後他人而實行。（最初實驗此者，爲魏格曼（Wiegmann）與波爾斯妥福（Polstorf），其後則有鮑辛稿爾蒂（Boussingault）、薩穆好爾斯馬（Salm = Horstmar）、赫梅堡（Henneberg）、克諾普（Knop）

與其他之諸多人士等）故李比西，祇創立推斷的概括的省察結果之學說。若依其以前通說之腐植質說，謂植物以腐植質及其誘導體爲營養物。李比西對之曾發生疑問：謂若果如此，則最初出現於世界之植物以何爲營養乎？因腐植質由於植物之腐敗而始發生，故最初植物所應攝取之腐植質，實未存在也。又海草曾發生於裸岩之上，其由何處獲得腐植質乎？且於此海草中，往往有生長至百尺之長，供給數千之動物以爲營養者。更有植物之灰，用爲肥料異常有利，固古代所熟知之事實，此宜如何解釋之乎？李比西更進而注意：某種灰分爲動物營養所不可缺，因而亦認爲此種灰分對於供給動物營養之植物，亦爲不可或缺者。蓋非如此，則動物必損失其生命，自無疑義。——似此，某程度之哲學考察，遂使李比西推翻腐植質說，而代之以鑛物質說。於是無論理論上抑或實際上皆極其重要之學說，因以成立。至實驗的實證此學說者，則爲於此頗久以後之事。試觀銳敏綜合之才智與卓絕堅毅之幻想，其導致李比西不亦正有如其他之天才研究者乎？

達爾文之淘汰及遺傳學說，亦與此相同，非由於實驗研究而樹立也。達爾文，曾先蒐集豐富之經驗——觀察之結果——。關於事實之知識，如不使爲某程度之豐富，則絕不能樹立優秀之學說。

故達爾文所最置重者，亦依然爲此推斷方法。

於研究者之中，認爲科學之發達，唯有由於實驗而始克期待者，今猶不乏其人。因是指摘如右一般所熟知之事實，敢謂非徒勞無益之舉。

第八章　淘汰之原則與農業之歷史的發達

吾人認淘汰原則，乃一切哲學上原則中之最重要且最有用者。此原則廣涉所有方面確實說明若是其多現象之思維法，此外殆未見焉。雖然，近來自然科學者與哲學者中，殊不乏反對淘汰說之人，且其中以此已被抹殺者，固不在少數。惟吾人之見解，則弗能與此相同。故得爲如此淘汰說之適切且機械的說明合目的性之原則，限於其未重新發見，吾人始終一致信仰此種學說。歷來反對此淘汰說之論據，無論其由勒格利（Nägeli）以訖黑特威希（Oskar Hertwig），均不足變更吾人之見解。又如由彼門第爾（Mendel）之遺傳法則以覆滅此學說之主張，吾人亦絕不首肯。

關於淘汰原則之發見歷史，是否當視爲已屬決定？現猶弗能遽斷。然而唯達爾文與瓦勒斯（Alfred Russel Wallace）兩人，始採取此非常適切之進步淘汰說之見解者，則根本弗能若是而想像。達爾文自己固曾指示有若干之學者，得爲其學說之先聲，卽彼等雖未提倡如是之總括的普遍的學說，然於某種意義固得爲先驅也。因此，淘汰原則之創始，可知實爲不確定且復可疑者。蓋於古代，恩配到克萊斯（Empedokles）及其他人士，已可見有相同之主張。要之，此種問題之解決，主要當俟諸歷史家之努力。惟於茲有一確定之事實者，卽淘汰原則至達爾文與瓦勒斯以後，始於科學爲有效，且同時復予以變革之影響。達爾文與瓦勒斯，關於生物種族與系統之發達，曾首先提倡淘汰說及與此有密切關係之進化說。因此，關於生物之一切自然科學，實如其字義所示，忽然被照以完全一新之光明。舊生物學，生物形態學，生理學與生態學之哲學解釋，一切悉以一新之根據，卽進化學說之根據，而樹其立場。以時代之變遷，卽熱烈之反對達爾文者，亦不論其善否，而不得不承認其學說之某一部分。蓋因達爾文式見解，其適合於科學者，至爲明顯；如卽非難淘汰說者，亦不能不承認其進化說也。

於茲對達爾文學說之爲何？須以大體所已知者開始吾人之研究，否則爲其說明，本章恐將過長也。本書之著者，以外斯曼（August Weismann）所發表諸多論著之見解爲是。依外曼斯之見解，最適者之存續，最合目的者之選擇，乃使各生物體之構造最合目的，且使其作用最合目的之唯一創造動因。如彼後天的獲得的性質遺傳之事——拉馬克（Lamarck）之所說——，外斯曼曾以最好之根據而否定之。

爲達爾文與瓦勒斯學說基礎之最重要一思想，乃所謂雖徐緩然而不斷繼續之歷史發展之推斷。所謂『自然弗飛躍』(Natura non facit saltus)之古語，於茲又有意義。利爾（Lyell）於其專門之地質學早於達爾文之前已敍述與右相同之旨趣。即據彼之意見，謂如今日所見之地殼及地表之狀態，非由於一舉而傾覆以前之狀態，若彼突然猛烈之地質大變動而成，其實由於雖徐緩然而不斷作用，且於今日猶復繼續其作用之地質學的要因而成也。

勞克斯（註）有言曰：『現狀爲一切發展推移之結果之思想，乃前世紀——十九世紀——精神成就中最大之業績。於前世紀，最初雖不過祇部分的採用此種思想，然其適用範圍逐漸擴大，終於至認爲現所存在者，一切均由徐緩之發達過程而來。且此發展過程，依自然之法則，由自然力之作用而決定，其絕非由於突然之創造與驚異之變動也。』

（註）勞克斯（Wilhelm Roux）關於生物發達機構之講義及論文第一卷（Vorträge und Aufsätze über

Entwicklungsmechanik der Organismen, Heft I, Leipzig, bei Engelmann, 1905）第一頁。

「似此，羅列九天之星辰，地球，構成地殼之一切地層，於地表上所發生之最初生物，以及由此繁殖之一切生物等，罔弗如斯。」——

達爾文與瓦勒斯之學說，其後有所擴充，皆為此二人最初所未嘗着手之方面者。

達爾文之所說，其於由下等生物進化為高等生物，雖嘗為之說明；然而對生物最初之發生，即生物之創造，則卻非能解釋，其加諸如是之非難者，固非少數——今日尚復存在——。惟依吾人之見解，此正相反。淘汰說，其恰能解決生物創造之問題者，正乃其美滿之勝利。魯克斯，已早將達爾文說適用於生物創造問題之解決。且其後，余亦嘗試行由新根據支持達爾文自身所未甚留意之點。(註)

（註）魯克斯之生物各部之競爭 (Der Kampf der Teile in Organismus, bei Engelmann 1881)。又氏著生物發育機械論集（Gesammelte Abhandlungen über Entwicklungsmechanik der Organismus, Leipzig 1895, Bd. I.）中，亦採錄之。克洛普斯特之生物創造之本質 (Das Wesen der Urzeugung)，最初發表於塔深堡 (Taschenberg) 發行之雜誌自然 (Natur) 一八九七年第十九號及第二十號，後收錄於農業及自然科學論

著(Kleine Abhandlungen aus dem Gebiete der Landwirtschaft und Naturwissenschaft, Winterthur 1900, Verlag von Moritz Kiesche）中。詳說勞克斯之關於生物發達機構之講義及論文一書中，生物創造(Urzeugung)之概略。更有須一言者，即余之見解，有一二之點，與勞克斯不相一致。將來擬發表關於生物創造之特殊著作，以詳論此點。

動物與植物若一繁殖，則其子孫必不斷為淘汰之作用，且於其種種變種之中，以造成新之適性——進步之淘汰——。此變種不斷發生，由於其變種，而淘汰屢次前進，故適應性乃愈增加。然而為新變種不斷發生之前提者，則是繁殖。生物最適切之機能，由於淘汰而養成。於是生物機能中之此等養成者，若一一取而去之，回溯至此等機能未發達以前，則最後無論如何必有一弗能除去者之殘留。此乃增殖之作用。斯種機能，其為不斷之淘汰作用之前提，起始即繼續存在者，自無疑義。然而原形質之增殖——同化作用——實為生命之基礎特質。至其他之機能，則對於增殖作用，一切悉無非為次要之條件，即其祇為副養成分子。無生物——如岩石——，不能營同化之作用。反之，若由攝取某一定之動力，而得使其自身增殖之物體——若者名此為創造物體(Urzeugungssubstanz)——，則由此所發生之仔體，自必不斷受淘汰之作用。似此，較合目的——繼續作用——之機能，遂陸續爲之養成與完成。由是以言，關於生物造成之一切問題，得以最初祇不過有同化作用之物質偶然發生而解決之也。

結局，由於有同化作用之物體——創造物體——出現之單純事實，生物創造之可能性——其不必卽爲或然性——，遂爲之成立。是此創造物體之一種，恐其繼續繁殖，於地球上生物界發達之最初基礎眞正確立以前，實已無數次而被創造之也。

由於上述，實可理解何故一方無機世界，無合目的之集積；而他方自己增殖——同化作用——之生物，由於淘汰而不斷進化，且得具有極複雜之合目的性？生物創成之問題，最初係由勞克斯所作成，其後更由余所發展之理論，雖不得謂之爲詳盡，然而已梗概的爲哲學之解決。

淘汰之原則，非惟有利於說明各個生物構造及機能之合目的性，且更有用於理解一切生物團體之合目的性。如植物地理學中，所謂全植物團之合理的適應——植生之構成——，其雖以各個植物對無機環境之適應，與各個植物相互間之適應，及其對動物界之適應爲內容，然此亦可知乃由淘汰作用之結果而成者也。

不寧唯是，如全人類之文化生活，其徐徐進向於完成之歷史，亦得由此淘汰說，而爲最適切之說明。淘汰作用，實取種種之形式，且由於非常複雜之路徑，而及其作用於文化生活。惟詳細說明此一切，因非本書之目的，故吾人祇將關此概念之一端，以介紹於讀者。關此如欲爲詳細之研究，請參閱溫伯混(Unbehaun)之良著，(註)吾人亦由該書採取諸多之材料也。

（註）溫伯混之關於淘汰之哲學學說之研究一八九六年(Versuch einer philosophischen Selektionstheorie, Jena 1896, Verlag von Gust. Fischer)。

人類非僅個人各立於環繞其周圍之競爭者中，以從事生存競爭，即其集合體之社會團體與國家，其相互之間亦實行生存競爭。職是之故，戰爭於某意義，實爲具有遼遠起源之自然現象，否此恐寧係必然之自然現象。是則和平主義者，由於其機上論之努力，果能改變此必然性與否？實頗疑問。在國與國間之戰爭，限於其他之條件相等，其有最良之軍國組織，且就軍事上觀之，其國民具有最良之素質之國家，實有爲勝利者之最大希望。因是，最優之軍事制度，乃於長涉數千年之悠久期間而選擇，且此最優之軍事制度，今後亦必猶繼續由淘汰而愈形改良。似此，其得爲異常複雜且優秀作用之軍隊組織，乃以成立。

雖然，在國民與國民之競爭上，縱令於戰爭之時，決定此勝負者，固非祇爲野戰軍隊，即其背後之國民經濟實亦屬最重要之條件。經濟狀態最優良之國民，即農業頗發達，工商業狀態亦頗良好之國民，其以此故，必能爲優秀之武裝。故如斯國家，縱有戰爭，亦易致勝。反之，其非如斯之國家，則或以此而被滅亡，或爲其他之強國所占領吞併。然果如此，強大勝利者之國家組織，最低於某限度，必輸入施行於戰敗者之國，此乃普通之現象。生存競爭，以其或行之於國民與國民之間，或行之於一國內各個人之間，或集團各分子之間，故其結果，各國民之全體社會生活，一般遂漸底於完善，政治組織亦爲改良——先實行以國力發展爲內容之改良——，他如社會交際，社會儀式，國家法度等，亦取至適切之形式。故習慣、社會禮節與社會儀式，其絕非如許多唯理主義者之所想像，祇由心意之創造，亦非爲偶然之結果，其乃由徐徐進行之淘汰作用，而成爲適切之指針。(註)同等之事實，關於國家法制，亦至適當。是故凡此一切，均弗得以人類意志而任意變更之也。語言其亦至顯然經歷悠久之歷史發展，於其歷史發展之中，由於淘汰作用而不斷改良者也。一切之語言，其得成爲複雜而且異常富麗之組織藝術品者，絕非無由而至。例如文法上之規則，其乃適於爲明確之表現者，其反此僅爲不明確之表現，則由於淘汰作用，而逐漸驅除也。故於語言，新而適切者，乃爲之擴充，爾而無用者，則自然消失。又各國民之宗教，亦概經過以淘汰爲基礎之歷史發展。如稍研究羅馬教（Katholizismus）而觀之，其乃經種種變遷之歷史而來。現時其於一方面，既頗適合於滿足一般大衆之形而上要求，且於他方面，復頗可支持僧侶之勢力，誠得承認之爲極適當眞合理之歷史生成物。故宗教之於國家，往往爲其重要之支持手段，同時他方，亦直接間接支配國家之政令——玉座與祭壇相依爲命——。由淘汰說之立場觀之，宗教之得爲眞理與否或妥當與否，實弗成爲問題；反之，宗教於其信仰者與國家等得爲有利之作用與否？則確乃最關心之事。

（註）良善禮義與適當習慣之社會效果，實如機械油之得減少機械運轉所不必要之磨擦。

又智力較優秀之國民，由於生存競爭，亦得獲優勝與存續。如智力優秀之白色人種，犧牲有色人種之存續，而大形繁殖是也。若借叔本華（Schopenhauer）之言，人類之腦，實乃遙較獅子之爪爲危險之武器。以同一之理由，各國民中，其智力技能與努力之優異之個人或家族與反此之個人或家族間，亦實行有優勝之淘汰。卽智力努力等優異於他人者，平均觀之，其較諸非然者，物質的實居較優之境地，得養育許多之子弟，故此種人類，遂得較多繁殖也。

技術商業與工業等，亦由於淘汰而逐漸化爲較完全之物。較優良之技術，得予採用者以物質上之利益，故其結果，較優良之方法，遂逐漸爲人尊重，終致驅逐其他不甚完全之技術。卽取今日吾人所見之任何一種機械而觀之，其最初卽完全具備如今日之形式而突然出現者，殆未之有。任何一種機械，其最初概屬至不完全者，惟其後爲求改良，而曾實行種種之試驗，其中較適當之構造，遂被選擇採用，其非適當者，則逐漸爲之排除。且以此改良者爲基礎，而更從事改造，於是從來機械中最適當之部分，遂爲其次之機械所採用，似此推演，致見有如今日之極堪驚異之機械技術之發達。由是可知複雜工作物造成之可能性，唯有由於考察此機械歷史發展之過程，而始得理解之也。是一切之機械，亦恰與生物相同，均經歷其系統發達之進步。

同一之思維法，關於學問之歷史發達，亦得承認之。卽於諸種學說之間，亦實行此生存競爭。且其較優異之學說，常占勝利。似此，學問除其一時之退步外，實正不間斷進步者也。於實驗科學，由於實驗研究而檢討種種之學說，其與實驗結果不相容者，則陸續爲之排除，故較近眞理之學說，乃以成立。其於非實驗科學，則採用其他之規範，而代替實驗研究。——文學固不斷進步，藝術亦然。因文化之進步，人類嗜好亦爲之進步，由此不良之藝術品，乃日益爲之排除。雖然，其絕非爲一蹴而就者，斯乃逐漸蛻變之結果。似此，由於自古卽行繼續之淘汰作用，通常祇殘留有最優良之文學與藝術品。卽其價值之低劣者，率消聲匿跡，而爲世人所忘卻。故謂自古卽有較現在爲優異之文學與藝術者，誠顯然爲一種錯覺。固然，於一方有優秀之文學及藝術，同時於他方亦有低劣之文學及藝術，往時與現代固絲毫不變，且素質卑劣之人類，其於當時，對超等之藝術，寧不接近，而喜好淺薄之讀物與卑俗之音樂。雖然，如斯無意義之藝術，究屬難保存於後世，不寧唯是，關於此歷史存續之事實，亦可承認其種種之法則性。如短篇論文，小册子，各種散漫之意見書，其較諸鉅大之書籍，至易爲人忽視，且極易由社會之表面，潛伏其踪跡。何以故？蓋因鉅大書籍之保存，任何人亦於不知不覺中而置重也。故大型書籍中所收錄之學說，限於其他之事實不變，自較諸小册子等所收錄之學說，多有留存於後世之希望。

教授法與關於學校及教育之一切制度，亦逐漸由淘汰作用而底於完成。如今日吾人之學校教授法，於此中間，亦益改良至少對時代之要求頗爲適合。至教材之選擇，亦一再由此而爲之改良也。此觀現時之高等學校（Gymnasium），即可明瞭，其乃亙長久期間之複雜歷史發達之結果。

若觀夫人類各個人之精神發展，亦可知其有基於淘汰作用之改良即對自己之各種見解主義等，由於理性之發達而爲之選擇。亦即就種種之見解，比較之考量之，其按照經驗不適切於實際生活之主義則放棄之，而依與從前互異之原則以規律今後之行動。銳敏之理性所有者，由於純理論之商權，對種種之處理法，例如各種之技術設計，曾爲有秩序之選擇淘汰。且有時依純理論之計算，以如此如此之構造爲不適當，而繼續保持優於歷來所採用者之構造。當文藝家之從事於鉅製也，率先作成大體之粗疏草案，屢次加以檢討，而除去其不良之部分，似此一再訂正，終於無論如何必須如此之文藝作品，遂告成就。

惟如過度置重淘汰原則之適用，亦殊爲不可，自無待論。蓋如前述之要因交織，於茲亦行表現，致使某特定性質之淘汰作用，絕弗得爲其本來之功能，斯必常須注意者也。卽某種之要因，具有使淘汰作用薄弱之功能，且各種之淘汰作用，互相交錯，因而其彼此之作用，遂互相爲之擾亂與妨害。茲簡單列舉一二例證，闡而明之。如思想傑出者，常被其同時代之人士認爲傑出之思想家，是其於生存競爭上，可謂較天資低劣於彼之競爭者，具有頗大之權威；惟實則此種事項，亦不盡然。又如偉大之發明家，由於其發明，似宜於生存競爭上常占優位，但斯種事實，亦不完全得當。如彼發明之歷史，固往往明示其正相反對之事實。更若處物質優裕之境遇者，以較易得其配偶，故其比貧困者，可爲較多之繁殖，斯亦絕非無條件妥當也。是故淘汰作用，非可一概悉行適用。就概括平均而觀之，依確率算法之法則，固得見有由於淘汰之適者生存之現象；惟就各個之情形觀之，則亦往往有適者無何等之條件而滅亡。

更有關此可參閱前述溫伯混之著書，該書關於淘汰原則之適用，曾蒐集豐富之資料，而加以簡潔之說明。(註)

（註）溫伯混於其著書中，曾試用高等數學，而以數字研究淘汰說。

吾人更轉而將淘汰說適用之於農業，尤其農業之歷史發展而觀之。斯誠不可思議，農學關於此明顯之問題，歷來殆亦全不關心。例如關於經營學之德國教科書，對於玆成爲問題之考察方法，殆一語亦未言及。

此種事實，自與現代之農學，立於唯理主義之上，有莫大之關係。惟雖如此，即唯理主義者，亦不能不承認農業乃有非常悠久之歷史，其中曾不間斷而改良者也。雖然，唯理主義者，關於原來事物之歷史發展與有機發達之經過，卻毫未予以特別之重視。不僅此也，唯理主義者，更進而對所謂於某特定地方宜如何實行經營之問題，相信唯有由於『唯理的計算』而始克得其最當之解決。反此，所謂經營之歷史成立，其於此等人士，則視之爲一種不重要之問題。(註)

（註）彼等贊成『認爲歷史及經驗之所示，可無理由而將其輕視之自負的抽象的思考。』克萊席希(F. Kreyssig)著法蘭西國民文學之歷史第二卷第一五四頁。(Geschichte der französischen Nationalliteratur, 6. Aufl. II. Bd. Berlin 1889.)

吾人採取反對之立場。依吾人觀之，農業究爲歷史之生成者，卽其由於數百年或數千年間之淘汰，而始逐漸成爲合目的者也。農業經營，縱如何合理的講究之，且縱如何論理的組成之，使其得爲如彼由長期歷史發達而適切於氣候土質及文化之事實者，吾人相信此絕弗可能。是故吾人——與唯理主義者相反——最置重於農業之歷史，且不寧唯是，更進而置重於人類文化之歷史。

農業經營學，視農場爲一生物體之比喻，自係得當。（註）於是所謂農場有機體或經營有機體，乃一再有人稱說。惟一種生物體，係由各種機關——如骨骼、筋肉、皮膚、消化器、生殖器等——之調整結合而成，農場經營，自亦如此，乃由一聯之經營部門——穀作、耕作物、飼料作物、刈草地、菓樹園、葡萄園、飼牛、飼馬、飼羊、飼豕與農產加工等——相結合而成者也。似此諸部門，其不能獨立存在，猶如吾人身體之各種機關。（無作物栽培，則不能實行有利之家畜飼養；反之，自亦相同。於此一部門無工作之時，恰於他一部門必要勞動。）此一經營部門，與他一經營部門適當結合，似此一切部門相合，因以構成非常適切作用之有機組織體。各部門各自與其他之部門，具有相輔相成之關係，卽互相關係也。

（註）參閱前述以農場爲一混沌世界之比喻。

若我經營學者，對此易解之比喻，爲某種深刻之考察，卽可了解如次之事實。卽一切生物，均經過長期發達之歷史，亦卽系統的發展史——系統發達——具有適切機能之各機關組織，絕非一朝一夕所能成就者，而實係頗悠久之期間發展進化之結果。生物體非常複雜之構造，與其機能至堪驚異之巧妙，唯有由於如斯事實，而始得首肯。故如生物之有巧妙作用者，終不能以人工製就之。蓋其構造爲異常之複雜耳。——同時於他方，亦爲吾人祇知其構造與機能之一部分。

完全相同之事實，於農業經營上，亦得適用之。農業經營，亦係經長期之歷史而成，與生物體相同，乃基諸淘汰作用，雖至微妙之點，亦逐漸變化而爲適應周圍之事情之狀態。惟關於生物體之構造與其生活之精細之點，歷來殆無何等之明示；關於農業之組織與其經營之內部情形，亦與是相同，現猶一向不知。不可解要因之交織，實使斯種事實特甚。且如生物體既不得依唯理的研究以人工而製造，農業經營，實亦忽視其歷史由來，僅由唯理的見解以組織且運營之者，乃終不可能。是故農業經營，實與生物體完全相同，所謂歷史的成立，乃其理解所絕對必要之條件。

似此，於茲實可截然劃分農業爲二種世界觀，即平凡普遍之唯理主義見解與吾人所依據之見解是也。惟如右乃吾人一蹴而就之結論，故對吾人之見解，尙有稍加詳細論證之必要。

淘汰說，其於農業者，本絕非新奇之物。動植物之育種家，於其長期間從事工作上，固必須爲淘汰選種與培養。亦唯是故在他方面，淘汰說於農業全體之發展，竟一向未被適用者，誠乃極不可思議。——此唯有由於上述之理由，而始克理解。——

惟非祇家畜與作物，於長期間之歷史發達過程中，基諸淘汰作用而獲得現在之特性。更就一切之農具觀之，以及一切之農作業——例如整地、播種、收穫、家畜之育成與飼養等。——觀之，無一而非基於淘汰以發達，從而農業經營之全部組織，亦無一不取同等之經過而發達也。

茲先就農具觀之。其證明由於淘汰而漸進完成說之恰當實例，可取歐洲農業上具有最特色之農具洋犁而觀之。

此農具，本有各種各樣之形態，古代未開民族之所利用者，雖非常簡單，然以經數千年之久，實不斷爲之改良，故其歷史研究，至有興味。犁之歷史研究家勞（K. H. Rau），布倫格爾特（R.

Braungart，）與其他之人士，固如植物學者及動物學者之創設生物形態學，彼等關於犁亦曾明示得建設本諸歷史研究之形態學。（註）現時犁之重要部分，卽犁轅、犁底、犁柱、犁柄與犁角等，就歷史而觀之，得回溯至古代之犁，順次推演，終於求得最簡單之犁，猶之形態學者，就鳥類、爬蟲類、兩棲類等，而觀察其與乳哺動物四肢之骨發生的相同之物。犁亦與生物體同，得承認其逐漸的變遷之跡，且對一幹系而有諸多枝系之分歧。故無論於任何情形下，吾人皆可見其對各種互異周圍狀況之適應。而此適應，其導源於不斷發生之變化，與選擇此變化中之最適當者而存續，則於任何情勢下，亦概屬相同者也。雖然，關於生物體之構造與機能，吾人今日猶不能完全知悉；與此相同，關於犁之一切，尤爲其構造，雖較諸生物體非常簡單，然對其予以完全數學的解說，則現猶無人爲之也。蓋吾人之所知，關於撥土板之形狀與對運轉中犁體之力之抵抗，其雖有予以數學的正確解說之諸多研究，然而若以歷來之學問，則現猶不能充分達其目的。雖然，犁之構造，其得異常適合於目的者，經驗上固曾闡明。故如此之構造，其非爲唯理主義的加以數學的考察結果而成，實乃由於長期間不斷實行各種犁之選擇結果，卽仍不外爲歷史的成立。

（註）參閱勞(K. H. Rau)犁之歷史，一八四五年 (Geschichte des Pfluges. Heidelberg, bei Winter 1845)；布倫格爾特(R. Braungart)之農具實用之太古史的人種學的意義，一八八一年(Die Ackerbaugeräte in ihrer praktischen Beziehnngen wie nach ihrer urgeschichtlichen und ethnographischen Bedeutung, Heidelberg 1881)，與布氏其他之著作——關此將於以後『農業地理』之一章揭載之。——

關於犁之歷史發達之說明，其能若此實際釋明農業之歷史變遷者，他恐未有。似此，以犁爲例雖甚顯著，然而其祇無非一例耳。惟其他一切之農具及機械，根本之理由，亦屬相同，至少亦相類似。故由原始器具而逐漸發展完全者，實到處皆然。此器具與機械之適應其作業目的與作業條件，大部分係根據經驗——非理論本位——而進行者，吾人無論於何處均得觀察之。至說明農具如是之形何故爲適當？則多爲頗久以後，即於長期使用其農具以後而始發生者也。——關於農用機械之發達，可爲其適切之例者，乃乳脂之遠心力分離機。試觀普蘭特(Prantl)一八六四年，附垂直軸於簡單乳桶而使之急速旋轉者，與今日乳脂遠心力分離機之間，其爲如何之急速而且根本之變化發展乎？

乳脂遠心力分離機，其有解釋爲最初由於以理論爲基礎之考察而成者，亦未可知。誠然，關於遠心力分離機之最初發明者，曾思及利用遠心力而分離乳脂，並欲將其實際應用之事實，吾人絕弗能否認；惟是此種方法，其得爲技術之完成者，則是對此遠心力分離機，屢次加以改良之工夫，而不斷實行淘汰選擇之結果。斯蒂芬孫（Stephenson）爲發明蒸汽機關車之天才者，固係事實；惟爲彼之出現，其先驅者瓦特(James Watt)與其他首先發明蒸汽機關者，實最必要。且今日之蒸汽機關車，其早已非如斯蒂芬孫之時代者，乃係其後以種種方法所選擇淘汰不絕改良而成者也。

關於農業機械教科書，往往祇對器具機械之構造與其應用，加以單調且乾燥無味之說明，至其目的物之歷史變遷，殆片言亦未述及。如斯之說明法，吾人實不能不反對。第一、一切教科書，如能說明其所討論材料之歷史發展，則此實爲最饒興趣之事；第二——此點吾人以爲更係重要者——學生若不聆其歷史發展之說明，則將不免有如次想像之傾向，即以其爲缺乏某種重要性與未具有必然意義。惟器具機械之歷史說明，非僅學術書與講義中缺乏之也，即農業關係之其他諸多事項，亦固皆然。因是於農學者農業教師及農業關係之行政者中，於完全理解農業上歷史的把握之爲如何重要，一般毫不之知者，實不勝其夥。

較諸農用機械器具之歷史，其研究尤未普遍者，則為農業上作業之歷史。即整地、播種、作物管理、收穫方法之歷史，家畜之育成、飼養、管理法之歷史等是也。故其結果，關於此種一切作業之歷史——與地理——吾人之所知者，實至微少。器具機械之歷史，較其他稍易了解者，自有其理由。斯即不外為於古代器具機械之中，雖至今日，猶相當有實物之殘留——遺物——也。然而其於古代之作業，則祇有關此之文獻與繪畫，可得利用以多少知悉之程度。——若以概括觀察為基礎而考察之，農業上之作業方法，不能不認為一切全係最適應於當時之情形者。如一觀夫農業地理書，雖可知各種作物於其各地方有普通之栽培方法，耕作之順序與家畜之飼養等，亦各有地方的普通方法；然而其大多數，則往往異常複雜，能明白解釋之者，唯有視為歷史的適應之現象。於某一地方所實行之農業上一定規準，其確為適當，雖無疑義，然而不能闡明其以前適切之根據者，吾人試觀其為如何之多乎？故其得為適當之適應者，正基於經驗也。

近來曼利操（Maurizio）（註）曾闡明與農業有密切關係之二種職業史，即製粉業與製麵包業之歷史據彼記載，此等職業——精其道者固早知之——實經過長期複雜之歷史。麵包非如普通所想像者之簡單明瞭之生成物，其實係悠久發展連鎖之最後一環。人類由生食穀粒——種子原物——，進而煮食，其後更由煮沸進而製湯，進而製粥，若此階段，試觀其爲如何悠久之歲月如何無數之試驗乎？雖於今日，猶有許多之民族，非恃諸麵包——食麵包民族——而由於粥飯——粥食民族——以生活。許多之穀物，爲粥用穀物，如稗、燕麥、米、玉蜀黍等。此其爲粥之原料，雖係適當，然而弗能爲吾等所食麵包之穀物——如小麥、裸麥等——原料。由粥再進一步，卽爲薄麵包。且於他方，並由粥進而爲酒類食料——麥酒——之製造。至由薄麵包加以醱酵素——酵母等——，始逐漸而製就醱酵麵包。此於許多地方，實爲人類所食穀物之最完全者。然而於此醱酵麵包之中，更有許多之發展階段——此種各階段，卽今日亦未完全消滅，而爲各民族間所利用。故所食穀物之一切種類，其與各民族之文化發達歷史，實有密切之關係。

（註）發利操 (Maurizio) 著穀物食糧與時代之推移 (Die Getreide=Nahrung im Wandel der Zeiten. Zürich 1916, bei Orell Füssli)。發利操曾使其論說之一部，與哈恩農業史上之學說相聯繫。惟關其詳，茲暫從略。

亞爾波於其所著農場及農地之經營第一卷農業經營學總論（註）中，關於許多之農法及經營部門，曾排列集約度之順序——余欲用如斯之表現——而說明之。卽各種作業與經營部門，悉由粗放而逐漸推移於集約，實由此而明示。此亞爾波關於全體經營組織，綠肥作物之栽培，人造肥料與廐肥之施用，爲應國民經濟要求供給糧食品所需土地之節用，犁耕、馬鈴薯之栽培，甜菜之栽培，作物之育種，用畜之一般飼養，飼羊及羊種，養牛，養豕及豕種，養雞及雞種，山羊飼養，養鯉與夫役馬飼養等，均曾例示其集約度之順序。相應各種集約度之某種形態，或則同時並存於互異之國家，或則時間的有其先後，卽爲歷史的推移而存在。至其詳細，於茲不能贅述，讀者可參閱亞氏之原著。然而此種敍述，其本身雖至饒興趣，惟其中尙有議論之餘地，或當改變其見解之餘地，固亦不少。亞爾波自身，亦無非爲對如次之事實期喚起世人之注意。卽與其將集約度之順序及相應於此之形態，決定之爲永久妥當者，毋寧順序的觀察集約度。無待言，決定此種事實絕非容易。何耶？因歷史之發展，因地方因國家而採取異常不同之經過，農業絕非劃一的業務也。

（註）Aereboe, Die Bewirtschaftung von Landgütern und Grundstücken. I. Teil, Allgemeine

Landwirtschaftliche Betriebslehre Berlin 1917, Verlag von P. Parey.

輿論至此，問題更進而及於農業經營組織全體之歷史。非僅農具或農作業而已也，即農業經營之全體組織，亦於長期中由淘汰作用而逐漸改良與完成。雖然，我農業經營學教科書中，由高爾茲以迄亞爾波爾，關於基此淘汰作用之經營組織不斷改良進步，卻一語亦未言及。徒不過漢森之關於其歷史著作，(註)對此經營組織相互間之生存競爭，曾略費其數行，而喚起世人之注意。即漢森曾述及『穀草式農法與三圃農法之競爭』或『由一經營組織克服他經營組織』等。由是觀之，彼於當時對經營組織，由於其相互間之生存競爭，而選擇存續最適合於其時要求者，已具有明確之觀念。——惟是，於此一地方實行某種經營方式，於他一地方實行與此不同之其他經營方式者，斯非由於農業者理論考察之結果，而實無非由於實地之經驗。即在今日，經驗上雖曾明瞭此一經營組織適於此地，他一經營組織適於彼地，然而弗能以學理說明之者，固猶不鮮也。且縱使能明瞭此經營組織適於此，他經營組織適於彼之原因，然而對其原因之作用，吾人猶不能數量的算出。蓋因對於算出此數量之某種基礎，尚未具備耳。總之，經營組織，其由唯理主義研究之結果而出者，殆未之觀；於許多之情形下，其乃係歷史的發展，與基諸徐徐淘汰之適應之生成物。固然，一旦於某地方成就一經營組織，卽從此歷史的成立之模範，而重新組織農業經營，原非困難之事；但此經營組織之成就，絕非由於唯理主義方法，以理論的而獨自創造者，其亦無非爲歷史的生成物之模仿耳。

（註）漢森(Georg Hanssen)著農業史論考，一八八〇及一八八四年。(Agrarhistorische Abhandlungen. 2Bände, Leipzig, bei Hirzel 1880 und 1884) 第一卷第一二三—一二四頁。惟依余所見，恩格布雷希(Engelbrecht)於其從前所未發表之草稿中，依然具有如次之思想：卽各種農業經營組織間存有競爭，其結果最適當之組織爲之存續。

其次，且就農業經營學教科書，而觀察其關於各種經營組織適當性之說明。於茲所已首先明瞭者，經營組織，非成於理論的究明之後，反之經營組織，實先行於理論之前，而後始加以說明者也。且此說明中之大部，亦無非鈐一近於其額之刻印而已。從實際言，此確爲毫未了解其組織之佐證。試舉一例觀之：余於許多之書籍，已讀及關於三圃式農法成立之說明，且自己亦曾研究此經營方法；然而其成立，原果基於若何之根據乎？此雖至今日，亦復不明。對三圃式農法，較諸二圃式四圃式及五圃式之任何一農法遙多之事實，其說明率爲附會與不確實。且假使四圃式農法較多於三圃式農法則我農學者等，亦必予之以新奇解釋。此外，關於諸多地方之穀草式農法，其理論根據，亦屬異常不確實。——然而此種事實，若果僅此，實亦未必不當；惟經營學，不言及此種說明具有假設之性質，恰如輕易決定此處適於如斯之經營組織，彼處適於若是之經營組織，故其殊爲錯誤者也。

實際事實之作用，較諸如斯不確實學理之研究，可知至有根據。此一經營組織，若較他一經營組織爲適當，則其必占優勝無疑。且更由反面觀之，若某一經營組織非常普及，則其必有相當之根據。無待論，即如是說明，對此經營組織隨時代更易而必須變化者，並非否定也。然而一種經營組織，其必須如何變化乎？此則常與其基於不確實且成問題之種子之學理的討究，毋寧委諸實際上之觀察之爲愈。學說於此之際，其雖明示一定之目標，然而除此之外，則無何等之用。於吾人爲決定重要者，乃實際事物之作用，而非理論之討究。(註) 此即吾人爲研究農業，所以特別要於其現地不斷經驗的研究普通經營，即平均的實地經營也。於此意義，徐威茲實爲吾人之先驅者。

(註)俗諺有「經驗優於學習」之語，此諺實由與吾人於茲所述者有相同之思想而發生。

基諸悠久歲月淘汰而成就之經營組織，如何始能確實適應其周圍之情形乎？此由許多之經營組織——如三圃農法——，於數百年間，不受戰爭革命與其他所有歷史上變動之何等牽累，而仍繼續存在之事實，卽可知之。故倍倫哈德（Hans Bernhard）所謂『歷史發達經營組織之偉大生存能力』者，實係適當。（註）

（註）參閱於 Nene Züricher Zeitung, Nr. 581. 用隱名所發表之評論。

雖然，縱令吾人具有經營組織逐漸由於淘汰而適應其地方狀況之見解，實如前述，以其若彼之故，視經營組織爲固定不變所謂不可侵犯（Noli me tangere）者，似爲當然之結論，實則此殊非是。蓋以歲月不居，經營組織，自必終於變化，此如以之爲永久固守舊態者，實乃異常錯誤。是故吾人雖置重於所謂歷史之發達，然而吾人旣非固執於一切之陳腐組織，亦非以農學爲命運論的無爲主義也。例如斯提布勒（Stebler）於其所著阿爾卑斯農業及牧放經營（註一）中，其所說明阿爾卑斯農業之古風組織與習慣，雖無論於歷史學的地理學的與人類學的皆頗饒興趣，而殊多喚起吾人之注意；然而吾人絕不爲滿足歷史地理學之興趣，而欲永久保持此種習慣，以阻止其健全之進步。農業之本質，原爲保守者，且由於以往所述之理由，其爲保守者，亦屬必要；雖然，此種保守之性質，正動輒使農業拒絕新時代之正當要求。此點宜十分注意，必須一切均保持其節度，俾除袪其弊害而後可。總之，其驅於極端者，概須避免之耳。（註二）一種組織，其如長期存在，而其存在之根據，爲經驗的而非以理論爲本，且復不能加以解說者，則其不當爲無意義者也。因農民無論於何時，亦反覆其若父若祖之操作方法，是對此加以訕笑或以『落伍』而簡單放棄之者，其絕不值人稱贊。爲如斯之判斷者，於諸多情形下，乃簡單之一知半解與缺乏歷史之考察耳。（註三）雖然，他方若僅惓懷於故舊，而毫不求其進步，則亦係同等之錯誤。

（註一）Stebler, Alp=und Weidewirtschaft. Berlin 1903, Verlag von P. Parey.

（註二）奧亨(Encken)嘗謂吾人由無數之線，與已往之歷史相結合；然而歷史之傳統，於一方實阻害進步，故切斷此羈絆，亦爲人生所必要。『似此人生實有兩大波動，一方欲向上推動，他方則向下壓制，互爲相反之作用。於文化生活之總體，此二趨勢均屬必要，即爲使其進展於健全之時代，與過去相聯繫，與已往相鬥爭，可知同爲不可或缺者也。』奧亨（Encken）現代之文化（Die Kultur der Gegenwart. 2. Aufl. 1908）第1篇第六章哲學體系（Systematische Philosophie）中歷史之哲理(Philosophie der Geschichte).

（註三）關於1知半解與缺乏歷史理解之缺乏，可參閱俾斯麥(Bismarck)之回想錄 Gedanken und Erinnerungen.

以時代進步人口增加，而農業之集約程度，亦日益增加。然則其果如此，粗放經營組織愈爲潛形，而集約經營方法代之以興者，自爲當然之勢。雖然，歷史之考察，對粗放之經營組織，於過去爲最適當且頗合目的者，固至易於認識。歷史的研究家，雖在今日，亦承認於鄙遠之地方或山地與土質不良之地方等，粗放經營方法，猶頗適當；反之，集約農法，則多不適合。唯理主義者，多祇以進步地方之農業爲問題，至邊鄙地方之粗放經營，則少具有興味；雖然，斯亦無非爲缺乏歷史考察與地方考察之佐證，其爲如是之觀察者，絕非研究者之名譽。——余敢言於余所曾爲農業研究之旅行，其觀察邊鄙地方之粗放經營，與觀察人口稠密且土質肥沃之集約經營，實具有同等濃厚之興趣。誠然。此原始之農法，可視之爲我農業歷史發展過程中之遺物，而具有特殊之意義。若僅認集約農業爲有意義，而研究一切有現代式技術設備之農場，則其注意當傾向於肥沃甜菜耕種之農園，多收穫之耕種方頭小麥麥地，以及用汽犁所實行之盤地等。——如斯事實，其爲具有濃厚興趣且重要之研究領域，自無疑義。——雖然，吾人則以爲人類於不良環境之下實行粗放經營，其如何由土地竭力以舉收穫，研究此種事實，亦爲同等重要。吾人如出而旅行，逢及一條小麥，覩及黍地與蕎麥地，閱彼舊型之犁，觀夫共有地仍其古代原狀而經營，帶有地方色彩之農民家屋，與其中多半養有該地方所特產品種之家畜等，則布倫格爾特，（註）雖曾採取與當時有權威學派之不同立場而被排斥孤立，然在與承認此種事實意義之相同意味上，吾人實不能不對之同情也。古代農業之深刻意義，唯有由於此種研究而始克正確理解之。

（註）布倫格爾特（R. Braungart）著農具實用之太古史的人類學的意義（Die Ackerbaugeräte in ihren praktischen Beziehungen wie nach ihrer urgeschichtlichen und ethnographischen Bedentung. Heidelberg 1881).

若明瞭農業組織，多由長期淘汰而適應於其地方，猶之某地域之動物界及植物界，專由於適應其地域之生物及生物羣而構成，則地方的——地域的——農業組織之觀察法，亦不得不完全一變者也。卽若依吾人所見，農業組織，非由如經營學教科書普通所說明之單純理論而成者，其乃係歷史的發展而來，至能適合周圍之狀況，且又爲異常複雜作用之構造也。似此爲吾人見解之基礎者，乃與從前不同之世界觀。於混雜地方的農業組織中之無數瑣碎事物，其中雖不少從來毫不知其意義者；然而關於此等一切，吾人今則欲認識其意義，逐漸理解其所發生各現象之意味，並探求其歷史之價值。職是之故，吾人對於農業組織之判斷，正爲異常之愼重，其不分任何地方，均輕率提倡農法之新奇改良者，可知實非得宜。

由於此種見解，是農業之地方的地域的研究，易言之，卽農業地理學，受有強烈之刺激者，自係顯然。吾人將於本書最後之一章，關於農學中歷來率被忽視之部門，更加評論之。

關於經營組織見解之變化，已於關此之命名法而表現之。余於以前所發表之論文，（註）曾經指摘合理主義見解之代表者等——如亞爾波、瓦泰斯特拉特——，以通常抽象之表現而表示經營組織，卽彼等爲如次之表現，如『隨畜牛及改良種而繁殖之穀草式』『自用牛之繁殖及肥育之穀草式』與『以栽培飼料作物及販賣牛乳爲目的而畜牛之穀草式』等。然卽此種表現方法，雖有諸多之說法，惟究屬漠然不清，故關於經營上之一切特徵，耕作組織、建築物、家畜飼養法與作物栽培法等，亦終不能明確把握。

（註）克茲茅斯基著關於經營組織之見解及其表現方法（Ueber die Auffassung und Bezeichnungsweise der Wirtschaftssysteme. Fühlings Landw. Zeitung 1915, Nr. 9–10)，其後重錄於 Vermischte landwirtschaftliche Aufsätze. 2. Heft Stuttgart, 1915.

對於經營組織，吾人願更得其較寫實之命名法。此由於對各經營組織，簡單冠以其經營之所在地方名，即可達其目的。如『浮格森型牧放式』(Vogesen = Weidewirtschaft)，『好爾斯坦型穀草式』(Holsteinische Koppelwirtschoft)，『綠策芮型苜蓿草放牧式』(Luzerner Kleegraswirtschaft)，『勞蘭型三圃式』(Lothringische Dreifelderwirtschaft)與『麥爾克型酒精蒸溜經營』(Märkische Brennereiwirtschaft) 等等。唯由如斯冠以地方名，其經營組織之表現始克體相畢露。且果如此，其經營主要在如何地方及如何之環境，吾人旣自易知悉；而此經營所具有之一切歷史的並地理的特徵，與此相關聯之該地方大農場小農場之狀態，家畜之地方的種類，地方的家畜育成法，作物之種類與耕種之方法等，亦均可彷彿於眼前也。

第九章　以農業史及農業地理學補足實驗農學

以上吾人欲闡明農業之研究，若以純理論唯理主義之見解，終不克達充分滿足之結果。農業非僅為理論所組成，其成立也，實乃歷史發展之結果。即依吾人之見解，農業乃由於淘汰而改良發達以適應外界者也。是故基於經驗而研究農業，殊有其意義與必要，且不尊唯是，更進而作歷史之研究，亦有其重要性。關於農業之經驗研究，除右之外，尤以基諸其地理的觀察，即依農業地理學而進步。

組織的概括農學之各部門，即創設農學之體系，從來固曾屢屢試行。惟其中至近時從事此種工作者，則為戀門克爾，而其見解，則見諸彼之論文近代農學與其向綜合大學之編入（Die moderne Landwirtschaftswissenschaft uud ihre Vertretung an den Universitäten)（註一）及農業與科學，關於學術地位闡明之我見（Landwirtschaft und Wissenschaft, Ein offenes

Wort zur Klärung der Lage)（註二）中。雖然，無論於任何之試行，亦尚未得完全無缺之結果。在農學上，以其中所包含之分科過多，且其本來之性質，即為百科辭典者，故由於種種見地，而採取彼此互異之觀察方法。

（註一）Journal für Landwirtschaft. 1897 第三三五——三九二頁。

（註二）Berlin, bei P. Parey 1905.

近時由偕倫哈得所提倡之農學分類，（註一）至獲我心。彼將所謂普通農學者為體系的農學，而使之與此相並立者，則為農業之歷史研究即農業史，與農業之地理研究即農業地理學。即其如次：

一　由於體系的研究者——體系的農學

　A　農業生產學

　　1　植產學

　　2　畜產學

3　副業的農產加工學

B　農業經營學

二　由於歷史的研究者——農業史

三　由於地理的研究者——農業地理學（註二）

（註一）倍倫哈得(Hans Brenhard)著科學之農業地理學(Die Agrargeographie als wissenschaftliche Disziplin, Petermanns Geographische Miteilungen 1915. Heft. 1.3.5–6.).

（註二）倍倫哈得分農學為體系的部門歷史的部門與地理的部門，在其方法論之立場上，實根據地理學者希特芮(A. Hettner)之論文地理學之本質與方法(Das Wesen und die Methoden der Geographie, Geographie Zeitschrift 1905.)然而最初適用此見解於農學者，實為倍倫哈得之功績。

體系的農學，係由其現象顯現之因素而分類農業上之各種現象，故其主要具有分析之性質。然而農業經濟學，於此則為一例外。因其乃互相綜合各種農業現象而綜合的從事研究也。

農業史，係就互異時代之各種農業現象而觀察其彼此之關係，即觀察其現象發生之由來。故其研究，主要亦係綜合的而進行之也。至農業地理學，則係使互異其空間地域之農業現象彼此聯繫，故其研究，亦主要基於綜合而進行。

然而雖爲如斯之區別，自無待論，於嚴密意義上，非爲此乃完全分析者，而他則係完全綜合者也。斯無非於大體上，權爲如斯之劃分耳。

農業經濟學，於其顯著具有綜合性質之點，實於某程度，有與農業史及農業地理學相同之項目。

農業地理學，似與農業史相並立，爲主要具有綜合性質之學問。於補足他方以分析研究爲主之體系農學缺陷之意義上，實頗奏其重要之作用。惟於其性質上，係先以經驗研究某地方農業爲基礎，故其所從事之工作，第一卽係記載。是記載於農業地理學上，常構成其最主要之部分。吾人關於此種事實，將更於後段考察之。

專門學者，每認記載爲研究中最原始且最低級之物，殊不乏其人。蓋謂科學之目的，非在於事實之記載，而卻爲對事實之說明。

此無待論，其不正當。第一、非唯有事實之記載，其始確得爲一切科學之基礎乎？加之，記載與說明之界限，其果當於何處劃分之耶？適切之記載，即其原狀而可說明一種事物，固往往而有更從反面言之，說明於諸多之情勢下，亦無非爲一種記載耳。故於記載及說明之間劃分界限，實屬異常困難。

於茲克西好夫（Kirchhoff）之有名定義吾人不禁憶起之。力學，通常率視之爲說明科學之純粹者，然雖如是，克西好夫則於其數理物理學講義（Vorlesungen über mathematische Physik）(註)之開端中，而述及如次之定義曰：『力學爲運動之科學。其任務，在於以完全且最簡明之方法，記載自然界所起之運動。』

（註）Leipzig, bei Teubner 1876.

此克西好夫之言，以彼之卓越地位之故，致造成使自然科學者與哲學者發表其與此有關之許多意見之動機。(註)

（註）關於克西好夫式定義之文獻，例如勞克斯之關於生物發達機構之講義及論文，卷一，發達之機構，生物科學之一分野（Vorträge und Aufsätze über Entwicklungsmechanik der Organismen. Heft I. Die Entwicklungsmechanik, Ein neuer Zweig der biologische Wissenschaft. Leipzig 1905）中，曾行集錄之其他近時之主要哲學者多於其中之某一項下，採取此克西好夫式見解。

眹諸吾人見解，亦不能不謂克西好夫之定義多少有眞理存焉。

例如加鹽酸於硫化鐵，則發生硫化氫。此發生作用當如何說明之乎？關於此其化學方程式如次：

$$FeS + 2HCi = FeCi_2 + H_2S$$

（硫化鐵）　（鹽化鐵）

右列方程式，得以之爲說明，亦可解釋之爲記載。卽右式記述，由化學反應，而發生二重之化學變化，卽鹽酸中之鹽素與鐵結合，及與鐵結合之硫磺，現與鹽酸中之氫結合，而發生硫化氫是也。此種記載，由於見地之互異，亦得解釋之爲說明。更有此化學式，亦表示互相作用各元素之量的關係。

若壓縮一定容積之氣體，而將其壓縮爲容積之一半時，則此氣體所及於容量壁之壓力——暫不問其壓縮熱——，必較從前增加兩倍。更如將此氣體壓縮爲最初容積三分之一，則氣體之壓力，必成爲三倍以下準此。——Mariotte之法則——此種現象，當如何說明之乎？據氣體原子運動說，氣體所及於其接觸壁面之壓力，由氣體分子間之衝擊而決定。然而若將氣體之容積壓縮爲二分之一，則包含於一定容積中之氣體分子，將較以前增加一倍，若壓縮爲三分之一，則於一定容積之中將包含三倍之分子等。於是包含於一定容積之氣體分子，若記載其爲兩倍或三倍，則其一面亦同時說明此法則之全體。

更就其他全異之領域，卽關於農業史，而擧一例。我一部地方農村中之土地細分，當如何說明之乎？據歷史之記載，於此種農村，最初之土著居住時，以村內土地之價値，隨場所而不同，故土地先分類爲以其同價値者爲一團之數團地，其次此各團地，則更按有受土地分配權利之農民數，而各皆平等分割之配置之。更其後以遺產分割、結婚、買賣等之實行，各地區之土地，或被分割或被吞倂；故遂成爲現在大小不一之各種土地。此乃歷史上所記載。然而如此記載，同時於他方面，實亦無非說明此土地細分之由來。

關於諸多之事物，若首示其最初出發點之階段，次記載以後之過程，則對於最後階段之說明，自可爲之實現。惟說明非必永爲完全無缺者，斯亦無待論。如最初所舉硫化氫發生之例雖其已於暗默之中，承認以引起物質之分解與化合之融和力爲前提，然而此卻未予以說明。又如研究各種現象，雖終於歸納其原因爲一共通之事象，然而其原因之原因，則仍未能說明。且縱說明原因之原因，更若追溯其原因，則問題永遠存在也。

關於克西好夫所給予力學之定義，於茲不欲爲其贊否之論究，惟在吾人所佔之立場，則以爲此記載與說明之界限，殆多不能確定。總之，深刻之注意與親切之記載，無論於任何情勢下，亦爲重要。惟此種記載，其結局果得爲若何程度之說明乎？斯則弗能輕易斷定。

更有關於此「記載」，將於最後農業地理學一章內，更行敍述之。

以上對於歷來諸農學者率多忽略之農業歷史觀察，吾人曾屢次喚起讀者之注意。前伯威希——漢茲(Ueberweg = Heinze)於其所著哲學史綱要中，關於歷史之一般意義，曾有如次之敍述。

「歷史就客觀的觀之，乃自然與精神之發展過程，就主觀的觀之，乃觀察客觀的歷史的事象之研究與敍述。

「實際發生之事象，不必一切均構成歷史也，唯對全體發展有重要意義者，始得爲歷史耳。……」

「人類之全部經驗，經歷史之研究，或可謂還童，而復回於各個人之生活。無論於任何時代，其當時之精神的財產與物質的財產，蓋悉由過去之贏得而成立。且關此共同財產，其受一定之分配，不必歷史之自覺，卽任何人亦皆得而爲之也。惟若此歷史之自覺愈廣汎且愈深刻，則其所得者亦愈廣大且愈充實。使確實向較高階段之進步者，語其基礎，乃以過去之精神事業爲前提條件所實行之事業也。」

於茲關於精神事物之歷史，曾首先爲之考及。雖然，於茲所述者，若變更其方向，則亦得適用之於物質事物——其於農業史首先成爲問題者，實此方面——也。加之，地方之普通農法，爲過去人類精神事業與研究事業結果之混合者，亦係常情。

由許多農學者所使用形容詞之一，有所謂『現代』之字句。李比西固曾發表關於現代農業之自然科學的文獻(Naturwissenschaftliche Briefe über die moderne Landwirtschaft)一書，(註)且於現時之著者中其著書標題，使用『現代農業』或相類似之字句者，亦所在而有。

(註) 2. Abdruck, Leipzig und Heidelberg, bei Winter 1859.

於茲對此『現代』之字樣，吾人欲極力避免之。以所謂『新式之農業』或『新時代之農業』之表現法而代使用之，或更較爲宜。何以故？蓋所謂『現代』之字句，具有一種不快與非歷史之餘韻。故若語及『現代之農業』，則具有如次之印象：卽許多之著者，於暗默之中，對歷來農業，均認其爲陳腐者；反之，以彼所講之農業，則視爲非常完善者。是所謂『現代』之字句，其意義實爲一種讚辭。

從事歷史性考察之研究者，絕不輕率承認此種讚辭。彼以近時之農業，無非各時代農業全體中之狹隘且多任意限定部分之一斷面，從而僅『現代之農業者』始特別有能之事，彼終不得而解也。所謂『現代』(Moderne)一詞與『流行』(Mode)之語，本具有密切之關係，學問上追逐時髦之學者，自昔卽不爲人所信賴；此『現代』之形容詞，亦與此相同，自易被輕視爲非歷史且非獨立之觀察法。

旅行非洲之徐外弗茲（Schweinfurth），當其批評哈恩之所謂由鋤至犂一書（註）時，曾言及哈恩使用所謂現代人類學之語，謂如現代之低級字句，爲藝術與美麗所最忌諱之敵，必須極力避免之。

（註）Deutsche Literaturzeitung 1916, Nr. 28.

抑尤有一爲吾人所不能贊成之字句，卽『模範的農業』——『模範經營』、『模範農村』等——是也。依吾人以歷史並地理見解爲基礎而觀察農業之立場，通常稱之爲『模範經營』者，根本卽不足置信。因所謂模範經營等，實與模範人物或理想人物相同，本爲數至微。此與其謂爲現實，毋寧謂係存於空想。人類行動，其常加愼重考慮之後而方開始者，殆未之有。此同等事實，於農業經營上，亦得適用之。

青年雖好憧憬於席勒之理想型人物，然有識別之壯年，則槪悅哥德之客觀的實證的人物。此蓋以後者較近眞實耳。

補論

自上述各章所展開之農業世界觀，其於諸多之點，實與屠介涅夫 (Turgenjeff) 所謂於所有方面爲吾人指導者哥德之歷史的實證的世界觀相一致；且不寧唯是，其與徐威茲之見解，所表現於農業經濟學(Nationalökonomik des Ackerbaues)之羅夏見解，漢森之農業史見解，以及包含於凱萊詩中之哲學等，亦概相同。

在現存之學者中，吾人首推崇哈恩。彼於其有興趣之著作中，曾到處言及農業之歷史的地理的研究——哈恩關於實地農業之提案，雖一部分爲吾人所苦於了解，然而此學者之缺陷，則非在是。——此外，猶可得而舉者，則爲農業地理學者恩格布雷希。

尤有在現代之法律學上，吾人亦可知歷史的實證的世界觀，同占其決定之地位。所遺憾者，以吾人未親聆此法學，故關此弗能遽下獨自之判斷。法律學者薩威尼 (Savigny)，於十九世紀之初，致力於法律之歷史解釋之功績，固爲不可磨滅之事實。薩威尼曰：

「關於一種法律若未有其徹底之知識，則弗能獲得適切之立法。而爲獲得此知識，則既須回溯法律之發生，更須知其後發展之經過。何耶？因法律既非爲國家所任意制定，亦非爲某人所發見，其乃於長期國民生活之中發生者，猶之如一國民之全部文化，尤其如國語者也。由於此種思潮，十九世紀之德國法律學實主要從事研究歷史方面。且他方以與當時盛行之歷史學相關聯，故羅馬之古典法律與前代之日耳曼法，遂以向所未覩之徹底而研究之也。」（註）

（註）吐爾（von Tuhr）民法之基礎與完成（Grundlagen und Ausbau des bürgerlichen Gesetzbuchs），就斯特拉堡大學校長職時演說採錄於 Das Stiftungsfest der Kaiser Wilhelms=Universität Strassburg am I. Mai 1918 Strassburg, bei Heitz 1918. 此外可參閱赫倍爾日記中如次之論調。彼曰：『社會生活，卽至其一切之黑暗點，亦絕非無根據之偶然事象之單純集合，其實乃數千年間之經驗結果，而且正當理解此經驗，是爲吾人之任務。』

在國民經濟學上，關於歷史觀察之重要，吾人前曾喚起注意。經濟學史教科書，任何一種，均皆明白述此。且國民經濟學，其於農學者，實爲一種補助科學，而具有至密切之關係。

語言學與語言學者，主要從事於歷史之研究者，斯又周知之事實也。

於茲敍述哥德之世界觀，乃不必要之業務。惟雖讀哥德之作品，然而不理解彼之世界觀者，縱爲如何之註釋，亦無從致其用也。總之，徐徐而不間斷之歷史發展之見解，即所謂歷史的完成之思想，於哥德之哲學中，實有其莫大之作用。關於哥德之百科全書之博學，與彼對世界萬物之興趣，吾人於農業之地位與任務一章中，已曾敍述之。此外，關於哥德之詩人的敍說方法，擬於最後農業地理學一章內詳加論述。

關於羅夏、澳森、布倫格爾特，余於其他之地方（註一）曾爲如次之敍述：

「於討論國民經濟學與農業之有關領域，而且其方法論的見地之卓越之點，於茲必須特舉者，乃羅夏之農業經濟學。——Roscher, Nationalökonomik des Ackerbaues und der verwandten Urproduktionen（第一版一八五九年，後曾重版數次，第十三版及第十四版，係一九〇三年著者死後，由達笛（Dade）所印行。）——讀者若欲明瞭歷史的地理的研究之特別爲農業所必要，而求其適切之書籍，則吾人可不躊躇而首先介紹此羅夏之書，良以其實爲眞正之古典書也。——吾人於茲係就羅夏自己所印行者而言——此書絕不可視爲單純之歷史編纂物，通全編而觀之，得知其乃以獨創的至能消化整理其可驚之博學的天才能力之精神產物也。羅夏固顯然爲歷史派經濟學之創始者，然而其正於此書——依余所見——，始最巧妙發揮此歷史方法之優點。」——

「關於農業史家漢森——由一八八〇年至一八八四年，曾發行農業史論考（Agrarhistorische Abhandlungen）二卷。——所取之各種立場吾人前已介紹之。其中漢森曾謂歷史發達之農業經營組織，與周圍之自然狀況及經濟狀況至能適應；且此種適應爲各經營組織相互間一種生存競爭之結果。彼曾論及『穀草式農法與三圃式農法之競爭』，『由一種經營方式克服他種經營方式』等。參閱該論考第一二三——四頁。該論考中之材料處置，一切均頗適宜，用語亦頗爽快簡潔。其哲學之見地，不傾向於特定之學派。故漢森之論考，爲一頗有名之著作，自不足怪。……」

「布倫格爾特，於其所著農具實用之太古史的人類學的意義（Die Ackerbaugeräte in ihren praktischen Beziehungen wie nach ihrer urgeschichtlichen und ethnographischen

Bedeutung, Heidelberg 1881），並該書所附屬之特饒興趣之四十八幅圖表中，實始終採取吾人所謂歷史的地理的研究方法。雖倍崙（Behlen）於其所著羅馬人及有史以前中央歐羅巴之犂與犂耕（Der Pflug und das Pflügen bei den Römern und in Mitteleuropa in vorgeschichtlicher zeit, Dillenburg 1904.）中，曾加以惡評，謂其爲歷史之遊戲；然而布倫格爾特，果如倍崙之非難處置歷史事實於錯誤耶？余於茲不欲取批評之地位。雖然，若次之事實，則固爲吾人所熟知。卽布倫格爾特之著書，至饒興趣，地方的所特有之農業，一切均以適應其地方之見地而研究之；反此，其他之諸多農業著者，則絕不採取如斯之觀察。』（註二）

（註一）參閱克玆茅斯基農業地理學之學術地位（Die wissenschaftliche Stellung der Landwirtschaftsgeographie），前已揭示。

（註二）關於布倫格爾特以後之著書，參閱農業地理學一章。

余夙——自一九〇〇年以來——卽稱道自己之世界觀，尤其農業之世界觀，多有恃於研究凱萊之詩。凱萊之詩，乃由濃厚之哲學世界觀而湧出，此凡眞實讀彼之作品者，當任人而知也。尤其一九一五年爾馬廷格(Emil Ermatinger)著凱萊之生平書翰及日記(Gottfried Kellers Leben, Briefe und Tagebücher)(註)第一卷出版後，至得見凱萊生平之詳細記述，並以發展史的哲學的及美學的分析其作品者，實爲一般之凱萊崇拜者所異常欣悅。爾馬廷格所著之傳記，其自身亦爲一藝術品，至妙說明橫於凱萊著作基礎之思想。

（註）Stuttgart und Berlin, Cottasche Buchhandlung Nachfolger.

以與此完全相反之唯理主義世界觀爲立場之詩人，他方固亦有之。如注意讀操拉(Zola)之小說巴黎，則可知其中所出現之人物，皆具有唯理主義之思想。且操拉自己欲將其大作之全部，始終一貫其唯理主義之世界觀。然余所讀操拉之書，除右列者外，餘均屬許久以前之少年時代，因當時對唯理主義世界觀與非唯理主義世界觀之對立等，未加何等注意，故關此不能詳及其詳。余所參考之法蘭西文學史，亦未爲何等之說明。

唯理主義型之最顯著者，爲屠介涅夫之小說父與子中之巴沙洛夫(Basaroff)。然而屠介涅夫之小說，則非唯理主義者也。

若思及德國及其他各國知識階級之宇宙觀，其受有哥德、凱萊、與其他詩人思想家之哲學根本思想之影響，更有由於此等學者——吾人於茲敢爲是言——，可知關於人生之觀察及觀念亦完全一新，(註)則農業者何故獨未有如斯之世界觀？實非不可思議者也。何故彼等由今日觀之，以久已陳腐之前代觀念爲基礎而觀察事物乎？若似此之現代代表思想家一向未爲人所注意，則我農科大學與綜合大學農學部果宜養成如何之青年學子乎？

（註）『最偉大神秘的生命之介紹者莎士比亞(Shakespeare)，哥德、倍多芬(Beethoven)』——拉茨爾關於自然之描寫(Ueber Naturschilderung. 3Aufl. Volksausgabe München und Berlin 1911) 第五十三頁。

平凡之人類，絕難爲獨創之思想家。彼等之思想，絕固爲曾於學校所學者所左右，故大學中之農學，若以仍如從前之方法而教育之，則農學往往墮入膚淺之唯理主義者，自無足怪。惟徒責農學者，結局亦屬無益。因彼等之知識，畢竟不外於貧弱狹隘之田地而培養也。(註)

（註）關於農業之文獻，雖不少，其一知半解者，然此究以農業書須具有某程度之通俗性質耳。藍農業上之諸多敍說，

而無論如何均屬未熟粗野不緻密與缺乏識見之表現。故於此等農書之中，實表現陰鬱不明之見解。余自己往往——他人亦概如此——因不滿意農業之專門大雜誌，於是捨而去之，代以毫不談及實利主義之優秀史學雜誌與自然科學雜誌，此寧喜而耽於閱讀也。——所謂一知半解之代表者，多於農業教員，農業技術員，與農業者之中見之。

第十章　實地之經驗

唯理主義世界觀，有輕視純粹基於實地經驗之觀察之傾向，彼以爲基於事物因果關係之認識，遙較基於歷史成立之經驗爲合目的者也。雖然，此種見解，畢竟忽視農業中複雜要因之交織，且其結果所及，對農業組織與經營之效果，率多不能以數字的知悉之。不寧唯是，即所謂實際之事象，於數千百年之間，最適切適應其周圍之事情與事物者，亦不注意。故實地之經驗，絕難輕易評價，明顯言之，必須時時置重觀察而後可。

農學之歷史，曾供給吾人以如次之幾多適例：即農業者以經驗爲基礎，較諸其以科學爲指歸，得正確判斷事物與得迅速認知事物也。若接隣伏牛花(Berberitze)之傍而從事穀作，則多爲銹病所侵，農業者經驗上，固久知之，即植物學者以此無非『農民之迷信』而簡單排斥之時，農民已知之也。惟因當時尚未明瞭現象之由來——銹病菌之世代變化及寄主之交替——，故純唯理主義之見解，乃否認此種事實。——所謂砂質泥炭地，其健全保持馬鈴薯之作用，於學理上證明之頗久以前，農業者已常實行一種地方種子之交換，卽由砂土泥炭地方而取得新馬鈴薯之種子。——犂之閉鎖板當用如何之形狀乎？卽至今日，數學的猶未究明也，惟實際之問題，則業已解決。——土壤細菌之作用，在學問上毫未闡明以前，農業者卽經驗上從事耕起施肥於土壤，而助長有用土壤細菌，如攝取遊離氮氣細菌之繁殖。——近時耕地中之雜草種子，由於細菌尤其由於以纖維素(Zellulose)與膠質(Pektin)所培養之細菌，得完全將其滅絕之試驗，業已成功，至少得謂其已發見。於是爲滅絕雜草，主要對此細菌造成其適當之生活條件卽可矣，尤以給予廐肥且予土壤以適當機械操作，而造成所謂豐歉層之爲愈也。因『豐歉層，爲除祛耕地中雜草之動力。』——Web-sarg——雖然，農業者於此豐歉層之滅絕雜草作用多少爲之闡明以前，對此耕地層之作成，卽久已特別置重也。如粗放程度不深之經營，其耕起休閑他之處置，卽爲有效除祛雜草及其種子而施行。（註一）——富爾克（Aug. Voelcker）關於赤苜蓿（Rotklee）曾實行每年六次或一次之刈取試驗，而研究爲使其供給最大之營養分，當以刈取幾次爲適宜？其結果，刈取兩次可獲得營養分最多之收穫，乃爲之闡明。雖然，農業者經驗上，固早知此事實，無論何處苜蓿草之刈取，均係二次或三次。（註二）——當飼養家畜時，得以甚低之營養率，即以比較甚少之蛋白質飼養家畜有效之事，於凱爾納（Kellner）成功此種研究以前，實地之農家，即已知之。——蜜蜂得爲單性生殖之事，最初由實地養蜂家之迪茨崇（Dzierzon）所發見，其後始由動物學者予以科學之確證。——屠能會闡明農業經營之集約度，由農產物價格之比較的高低，販賣之難易，運輸關係，與土質氣候等而決定；惟此種研究，毫未變更農業上之實際作法，農業經營於自然之發展過程中，自須採取屠能學說中之最適組織。——似此之例，若更列舉，猶屬甚夥。（註三）

（註一）魏沙格（Otto Wehsarg）著德國雜草之分佈與防除(Die Verbreitung und Bekämpfung der Ackerunkräuter in Deutschland. Bd. I. Heft 294 der Arbeiten der D. L. G. Berlin 1918)。鬆軟層，既可以促進細菌之攝取氮氣，同時復可促進雜草之除去，且有時同一細菌，可爲有此兩種作用。惟關於此等現象，仍有繼續研究之必要。

（註二）由斯提布勒（Stebler）與富爾哈特（Vollart）合著最良之飼料植物(Die besten Futterpflanzen. 4. Aufl, I. Ed, Berlin 1913) 第一三三頁引用。

（註三）萊曼(Lehmann)曾言：『實地家以其感知正當之無數觸角與諸多之經驗吟味，對農業上最有益之方法何故必須若此耶？於探求其因果關係而究明認知之前，彼已知悉之也。科學概爲釋明自然之法則，故其作用，與其爲指導者，毋寧爲說明者。此外別無其他焉。』——『是故實地研究，任何時亦當推獎之，因其不外利用許多農業者之經驗，而可免除未諳者之易於陷入錯誤耳。』——由魏沙格前揭之書引用。

高爾茲曾於某處——余忘記其所在——謂農業上之學說，即學理之進步，常在實地之前。然而此僅限於學問上最狹之部分適當，其中如人造肥料之學說，固最彰明較著者。雖然，關於其他之諸多事物，則完全相反，科學無非其後證明實地之經驗與處置之正當，如前述之例，即明示此種事實耳。固然，農業本身有悠久之歷史，反之，科學之農學則係最近之事。若實際家之一切所實行者，均待諸科學予以根據，則吾人於許久以前，或已餓斃也。故凡百事物，農業者之至今日，概以經驗爲基礎耳。此種事實，即主要立於唯理主義世界觀之學者，例如亞爾波，(註)固亦承認之，

（註）亞爾波之農業經營學(Die Bewirtschaftung von Landgütern und Grundstüö'en. I. Teil)第六四九頁。有言：『即農科大學之教育吾人——若欲教育有益於現實生活之人類——亦不能不用處方箋式說明之。農業之大部分，即在今日猶僅以經驗爲基礎而實行，是故農學主要任務之一，正在於蒐集許多農業者之經驗，以立定規則之形

式，而傳授之於學習者。惟此於諸多之時，祇無非予以處方鑑式之說明。若從事農業教育者，對任何方面之關係，亦欲教以爲科學所究明之事項，則教育恐終於不能達其目的。」

唯理主義者，於與右述高爾茲意見完全相同之意義上，正努力使實地之農業，依據學理之指示。雖然，幸而實地之農家，其頗處心積慮不輕於接受如斯偏見。農業者，係以其實地工作所得之經驗爲參考，而絕非先依據學說，彼自己常感覺不完全之學說，實毫不足信賴，此事吾人前曾屢次指摘之。土壤之分類，長期間均依淘汰分析之方法，然而今日膠質分析之妥當性，則爲各方所疑問——疑問之當否，係另一問題。——李比西曾長期間反對施用氮肥，蓋彼以爲由空中及其他所供給之氮化物——包含於雨露雪等中之錏及硝酸鹽類——甚多，如再施用之，則氮當屬過剩也。雖然，其於今日，氮肥之施用，試思其爲如何之重要乎？——於某一時代，曾謂施氮肥於刈草地爲不當，然而現在則教示以刈草地亦以施用氮肥爲適當原則也。——又於某一時代，曾對農業者推奬化學的廐肥儲藏法，惟於今日，則又不加推奬矣。——往時農業者，被勸以由記帳之方法，而明瞭其土壤中養分之出入及維持——此事麥克爾（Maercker）於其農業化學講義中，亦論及之。——，然在今日，則未有以此事爲是者。——從前以紫草爲不適宜於家畜之飼料，（註一）然而今日之農業，至少爲某種之飼料用，其實異常珍重。——關於穀作黑穗病害之預防，近數十年來，曾由植物病理學者指示農業者以諸多之方法，然而及布雷費特（Brefeld）發見若干之黑穗病可爲花器之接種後，於是一變向來之見解。但於此方面——溫水處理法之效果，由吉士林（Kiessling）所研究富馬林消毒（Formalinbeize）之有害副作用等等。——（註二）之吾人知識，現尙不確實。——卽關於穀作之淺近問題，如穀作最良之收穫期，其見解亦有種種，而不一致。據洛瓦克（Nowacki）之研究，穀物之刈取，以黃熟期爲最良。然而實地之農業家，則除大麥外，其他穀物之收穫，於由黃熟至全熟之過渡期以前者，實知其概不適當。——塔爾、徐威茲、考配等之往時農學者，認馬鈴薯及蕪菁不適宜爲冬小麥與裸麥之前作物。然以今日吾人之所知，此種事實——除冬日早臨之地方——其僅適用於粗放之農業，卽僅昔時一般所實行之粗放農，得謂其適當也。於今日之集約耕作，因馬鈴薯及蕪菁，曾施用許多之肥料，故其對於冬小麥或冬裸麥，爲一種優良之前作物——但冬裸麥以播種期不過遲爲條件——，乃普通之現象。——關於麵包之營養價值，亦倡有種種之學說，帕門特（Parmentier）以去麩之麵包，為易消化而推賞之格拉漢李比西（Graham＝Liebig），以含麩之麵包，多含有蛋白質及其他之物質，故謂為具有較大之價值羅赦（Loew）與爾梅里希（Emmerich），則以去麩之麥粉，石灰及鎂之含有量適當，故認此為優良之食品；又如苦芮特（Kunert），以有麩之麵包，實含有維他命及其他之種種長處等，似此諸說，誠乃極其複雜矣。（註三）——於飼養家畜之理論，試觀其為如何之不明瞭且曖昧乎？關於標準飼料之見解，非有種種之不同乎？（註四）特定之飼料，如燕麥之特殊作用，其數量如何，實一向未分曉也。因是農業者，往往全不為飼料之計算，故雖好由實地經驗以飼養之，恐亦不能加以非難。——於畜產學教科書，一時曾揭載或承認塞泰加斯特（Settegast）之理想型，謂家畜須具有一定之平行四邊形之體相。然而此理想型，結局亦祇有其學說之意義，實地之農家，卻絕不顧及之，是經驗反占優勝也。因此學說，結局實缺乏妥當性耳。——關於當判斷動物之外部形相時，宜適用諾羅夫（Roloff）所謂之暴富學說，亦得謂其相同。——畜產學上，往時以役畜形體，胸部須寬且深，從而容積大，即必須包藏非常發達之肺與心臟也。然而許多測驗之結果，於今則知不能多事工作，且發育迅速之肥育用畜，胸部概爲果常發達。——

（註一）參閱高爾茲編農業全書第二卷(Handbuch der gesamten Landwirtschaft, II. Bd, Tübingen. 1889)中，斯特萊倍爾(Strebel)所執筆之部分。

（註二）據契爾西納(Kirchner)之方法，小麥消毒，須浸入富馬林溶液(Formalinlösung)——水百公升(Liter)，加入二百五十克之普通出售含四〇%富馬林所溶解之液——中四小時。——索紹爾(Sosauer)與羅立希(Rörig)著植物之防護第六版(Pflanzenschutz, 6. Auflage 1915)——而農林生物研究所之小報第二十六號——一九〇五年——，阿佩爾(Appel)曾明示消毒時間爲二小時或三小時。惟至最近，則知若於右述濃度之液中，祇須浸入十五分鐘或三十分鐘而已足。據吉士林(Kiessling)研究之結果，謂若浸所定之富馬林溶液於十五分鐘，則穀物之發芽力，實果常爲其妨害。——佛林格農業時報，一九一八年第十三號及第十四號——

（註三）此例，可參閱呂曼(M. P. Nenmann)之麵包穀物與麵包(Brotgetreide und Brot. Berlin, bei P. Parey 1914)。

（註四）關於標準飼料之諸多提案，其爲如何之不確實及懷疑，可參閱費格林(Fingerling)一九一六年在德國農會之二月例會中之講演。——德國農會年報第三十一卷第二十六頁以後——如斯之標準飼料，曾明示其不確實。

農業之各方面，其見解咸如斯變動。此種事實，即爲吾人今猶不能在確固理論基礎上從事工作之證據。然則使實地之農業；一切均適合於此變動無常之學說與流行之見解，斯果有其根據乎？其於農業者，首先單純依賴其所吟味之經驗至認爲學說眞已明瞭而毫無疑問之餘地時始容受之，非異常適當而且切合之行爲乎？

以深刻注意探求農學發展之往跡，而爲如右之觀察，可知彼等所構成之學說，難於完全信賴，實至顯然。然而吾人之學識，亦不能不愼重將事。（註）吾人無論何時，亦無非僅知眞所欲知之一至微部分。吾人關於諸多事物之知識，嚴格言之，無非想像或信念耳。吾人之所依據者，除某程度之或然性外，則無其他也。

（註）『吾儕之知識不全，預言亦不全。』——高林特（Korinther）前書第十三章——

然而於許多方面所見之唯理主義判斷，則完全與此相反。其所依據者，動輒爲自己認可之「獨創」——卽較諸實地家一切均頗知悉也——。其結果，對歷史所成立之實地農業，往往否認其價值。誠然，其實乃一改革狂也。

惟此種見解，其由偏狹之一知半解者採用時，結果必愈惡劣。如農業教員之中，實不少若是之

人。此等人士，其常認爲祇要能壓倒地方所普通實行之農業，卽爲最優秀者也。（註）

（註）黑格爾（Hegel）曰：『教養程度低者，任何時均非難一切；教養完全者，則將一切均視爲肯定。』

實地家嘗對科學顯然取不信任之態度者，自毫無足怪。彼雖不能以嚴格之論理，確定其不信任之根據；然而對所謂科學實本能的且完全正當的不感覺其是也。雖然，其毫不尊崇學問之無教養者，恐亦不多，故如斯所謂，亦無非明示『學說與實際之不一致』耳。

總之，於茲有一確定之事實：卽若彼徒多批評某地方農業者之見識與教養之程度，實無足信賴。國民之恩人與幻想家，其緣分異常接近耳。

然而關於此等事實，於有教養之大農及小農之間，實有顯著之區別。小農缺乏科學之思考，彼寧本能的從事工作，彼對提出於其前之改良案，均無理由感覺其缺陷，且此固往往得其正鵠。雖然，彼之態度，殊易對農學全體，有取完全不信之虞。反之，有教養之農業者，對膚淺之學問與至有根據之學理，至能區別觀察，爲學理所正確且明瞭決定者，彼於實地亦採用之，其不然者，則仍其原狀而置之。惟此於小農，則以科學素養之缺乏，故無論何時，率非基於學問之論理從事行動，而概依據農業上之常識判斷也。無待言，基於經驗之常識判斷，於有教養之農業者，亦有其莫大之作用——信然，較今日唯理主義的農業立場所想像者，有其以上之重大作用。——；但於他方，以科學知識爲基礎而效果的從事工作，彼固猶多實行。至於小農，殆無如斯之事實。

吾人前曾屢述人造肥料之施用，確爲至能適用唯理主義的農業原則之特殊領域。此於大農經營，亦得見及。反此，其於小農，殆未具有爲合理使用人造肥料所必要之化學知識也。據余爲亞爾薩斯勞蘭之農業巡迴教師時之經驗，其多少理解人造肥料之學理者，於小農階級之中，祇可視爲完全例外。在大農場較多之德國北部，較諸小農較多之德國南部，其每畝之收穫量爲多，斯雖於統計上表示之；然而其原因，余則以爲端在於此。固無待言，他方大農場使用收穫多之集約品種與注意整地等，亦與之有力焉。惟此收穫多之最大要因，則究在巨量且合理施用人造肥料也。

所謂大農場之耕地，較同一地方同一土質之小農地，比較的可得許多收穫之事，固曾散見於各文獻之中。如斯特萊倍爾（註）所述：『在大農場、製糖工場附屬農場、與國有農場等，一般均以深切注意，而從事整地耕作，除草亦頗周至，施肥既多且復合理，耕作順序亦極適當，故其收穫量，概屬豐富；雖然，居其周圍之小農地，若與此爲同等之經營，則其結果，殆亦相同。」

（註）斯特萊伯耳(Strebel)之威登堡之農業狀況(Beiträge zur Kenntnis der württembergischen Landwirtschaft. Plieningen in Württemberg, bei Fr. Find 1904)。

次表係採德國統計年報（註）所製成。由此實明示穀物每畝之收穫量，大農多之德國北部，較小農多之德國南部，實爲異常之鉅。吾人就代表德國北部之最大地方，無論由其氣候觀之，抑或由其土壤觀之，均絕不優於德國南部地方也——砂土與泥炭地之過多——茲爲對照觀察，其北部之代表者，爰取普魯士與撒克遜；其南部之代表者，則取巴陽、威登堡、巴登與亞爾薩斯勞蘭。

每法畝之平均收穫量（一九〇四——一九一三）單位爲dz，等於十分之一噸。

	百法畝農地中所屬百法畝以上大農場之土地面積	裸麥	小麥	夏大麥	燕麥
德國北部					
普魯士	二八・一法畝	一七・〇	二二・〇	二〇・九	一九・五

撒克遜	一三·八	二〇·〇	二五·五	二二·一	二一·五
德國南部					
亞爾薩斯勞蘭	六·五	一五·六	一五·五	一九·三	一五·九
巴登	三·〇	一六·〇	一七·一	一七·六	一六·六
巴陽	二·三	一五·九	一六·三	一七·三	一五·七
威登堡	一·七	一四·六	一六·五	一五·八	一四·九
德國全國					
平均		一七·二	二〇·七	一九·八	一九·〇

（註）Statistisches Jahrbnch für das Dentsche Reich. Heransgegeben vom Kaiserlichen Statistischen Amt.

是可知德國南部各地之穀物收穫量，不及德國全國之平均，從而亦更不及德國北部地方之平均也。然而德國南部各地，其所屬大農場之土地比較爲少，實某程度與之有相互關係，同時亦可得而知也。

至於其他之作物，大體上，亦可謂具有與穀物相同之關係。於茲有須重行申述者：即大經營之收穫比較爲多，雖有其他之種種原因，然首先可得而舉者，實由於豐富施用人造肥料也。就德國全體言之，最近數十年來，農產物收穫量之所以激增者，施用人造肥料之異常增加，實爲其第一原因。

關此希特芮（Hiltner）曾如次述（註）：

「德國最近數十年來收穫量劇增者，第一不能不歸其原因於施用人造肥料之增加。例如最近三十年間收穫之增加，全國通計小麥爲四八%。裸麥爲六五%，大麥爲四七%，燕麥及馬鈴薯爲六〇%。無待論，其所以如此者，改良品種，選擇種子，適切耕作，合理更換耕作順序與其他種種，亦多與有力焉。雖然，基於此等要因之作用，即將其總計而觀之，較諸施用人造肥料之效果，亦不及其一半也。此乃一切技術者彼此一致之稱說。職是之故，於人造肥料消費特多之普魯士，各種作物之收穫，最近十年來，乃遙較全國平均爲高。即就增加率最低之小麥觀之，亦達六五%，最高之時，且達八二%。反之，其於巴陽，此種數字，無非爲一八%或三〇%耳。三十年前，巴陽一切作物之每法畝收穫量，匪惟超過全國平均，且同時幾於超過其他之一切地方，尤其普魯士；然而今日則不及全國之平均者，畢竟由於此種事實耳。』

『巴陽每法畝之收穫，似劣於其他各地之主要原因之一，否，其最重要之原因，謂實在於施用人造肥料之過少，殆無可疑之餘地。如其每法畝之鉀施用量，就各地方比較觀察之，實居由後數第三位之微量。』

（註）由布倫（Von Braun）與達笛（Dade）合著之戰後德國農業之活動目標（Arbeitsziele der deutschen Landwirtschaft nach dem Kriege, Berlin, bei Parey 1918）第八四六頁引用。

由於上述，可知在農民之間，益廣其施用人造肥料之知識之爲如何重要矣。僅以農業巡迴教師之講演，對此猶未能充分也。他若農業冬期學校等，對農學之此方面，亦必須集注其主力而後可。

惟農藝化學者，以其自身多非實際之農業者，故動易陷於如次之錯覺：卽農學全體，亦得如人造肥料學理之爲唯理主義考察之對象。雖然，此實錯誤。蓋以施用人造肥料爲有效之要因，倆比較易於洞悉；然而其他之諸多事物，則以要因之異常錯綜，故關於其事物本質之唯理主義考究，實亦可能也。如家畜飼養學，其於今日以前，至少遙較肥料學爲假設且曖昧者，乃吾人所已屢述者也。

視察旅行，其於農業者職業教育上具有重大之價值，固曾爲人所倡導。然而吾人對此，則欲喚起如次之注意：卽旅行於農業迥異之地方，概祇對有教養之農業者，始有其意義。小農經營者縱旅行，彼等對他地方所實行之農業，何者適於自己之鄉里？何者不適於移植？實多缺乏認識此種事實所必要之素養。如由實行集約經營之地方，招致小農業者至實行粗放經營之地方，則彼必以此粗放農業全體，均爲錯誤。是故對原理之觀察，小農究屬缺乏耳。卽彼不理解各種經營組織，各有其相對之優越性也。因是若缺乏此種教養由集約經營地方而來之農業者，盲目的移植集約經營於粗放經營之地方，則彼必立卽受害，自無疑義。位於高大山地之牧放地，縱施以人造肥料，其亦不能如施之於谿谷之土地而可得有利之結果。於瘠薄之牧場，不能容納星門特芮（Simmentaler）與其他優良之牛種。又於磽瘠之土地，亦不適宜於小麥之集約品種。他若於農產物價格較低之地方，

集約經營，則全不適當。凡此一切，其唯有比較高度之教養者，始克爲之判斷耳。

手工業者爲向各處學習，曾以頗長歲月繼續旅行，且一再不已，此於手工業全體發達，實有甚大之效果，從來即如是傳說。然則小農何故獨不旅行耶？小農何故不同樣旅行於其他地方耶？（註）以上所述自足資爲此疑問之回答。總之，農業較之手工業，實遥多依存於地方的地域的要素耳。關於此等要素，欲施適切之判斷，實常須以較高之教養爲前提條件。

（註）徐威茲於其著書之某處，曾記述彼因研究農業而旅行各地方之期間中，曾逢及許多手工業者之旅行，惟農業者之旅行，卻一人亦未目擊。

第十一章　農業與農學之審美的鑑賞

吾人前於農學之地位與任務一章中，關於農學之主要目的，其解釋爲在於改善實地者，不能認爲妥當之事，曾喚起讀者之注意。科學不能墜入卑淺之實用主義，農學之第一目的，與其他一切科學之目的相同，實爲純粹之認識。唯有現實之認識，始可予研究者以至大之慰安。科學首先爲科學自身而存在，然後其他之目的，始成爲問題。

固然，其於農學，亦必須爲改良實地而努力。惟其因是，則誠不能損失斯學之科學性，且科學之第一目標——認識，亦絲毫不許附諸等閒。

然而欲改良實地之傾向過於強烈，則動輒卽有發一種不平鳴之虞。如斯之著者或研究家，常祇收羅現在農業之缺點，且每聞其所述，又往往認農業處處均有缺點之弊。尤其於不深刻觀察事物之學者記述上，可見有如斯之觀察。雖然，斯種事實，絕不能明示一國農業之眞相。就任何地方之耕作法觀察之，其均如吾人之前所屢述，呈示許多之適應現象，且對此等適應現象，研究其本質與由來，可予研究者以甚大之滿足。反之，若僅觀察農業之缺點，而不承認其長處，則此無非爲偏狹祇知盾之半面之學問也。且不寧唯是，同時對所謂農業之美之審美的鑑賞，亦由此而完全抹殺。固然，進步改良農業，自屬相宜，但承認歷來農業之合目的性，則又爲完全認識農業所必要。因某一定之平衡狀態，進步與保守之傾向，均必須共同存在也。——參閱第一八一頁——

尤有進者，學者非僅樂爲農業之研究，且復喜而爲農學之建設與樹立。農學與其他之一切科學相同，乃一徐徐生成之富麗之藝術作品。實際上，唯有最進步之人，其始認識科學體系構造中所表現之美之價值。

他如農業地理學中之許多農業記載，亦爲審美的鑑賞之目的。若欲以適切之語，而記錄一地方之農業情形，則其必須用與詩人之詠某地風景而能彷彿其實狀者相同之方法也。於此科學與作詩，實有密切之共通性，任何一方，亦必須以相同之方法而行之。關於此點，吾人將更於農業地理學一章中敍述之。

於本章尚須附加一言者：即以農業上事物多具藝術性，故得由藝術的立場而研究之也，如布倫格爾特於其所著南日耳曼族（Die Sudgermanen）（註）中，對於成羣家畜之鈴環鈴束與鈴——以圖表示之——，曾主要以賀爾曼（Hörmann）之研究爲本而記述之。其中非僅論及畜羣之鈴音，係以至動聽之韻調而鳴響，且復對各種鈴之形狀，異常美麗製就之鈴束裝飾等，亦有敍述。

——小農之屋舍，往往具有美術之構造者，固係周知之事實。如更詳細研究之，其爲藝術之製作者，於農業上，實仍有許多之存在。

（註）第二卷——一九一四——六五五頁以後。

第十二章　農學中之若干缺點

吾人前於種種處所，曾敍述關於農業文獻所常見之實用本位之見解，使諸多事物成爲卑陋，且甚而使該論文與著書，殆爲學者所不能見者，實非淺鮮——第七四頁以後——。揭示所謂『由實地問題至實地問題』之附記標題者，雖亦不少，且其實爲此等論著中所獨見之特色；但斯亦如吾人之注意——參閱第八六頁——，因有如斯之論著，致使農學受其他科學方面之輕蔑者，實不勝其夥。——

於提倡如此如彼改善實地農業之方法者中，爲易於領會其改良策之效果，而採用所謂『加乘法』(Multiplikationsmethode) 者，實非少數。例如就豕之肥育法言之，謂若如此，則每頭可增加幾磅之肉，每磅之重量，其價值幾何等。其始就每頭之數額觀之，其所述者雖不甚多，然而其效果，則在乘全國之總肥育豕數，故其總額，可爲數百萬馬克，結局國富實以之而增加。且此事實，往往得以極簡單之方法而實現，因是此種算法，爲宣傳正成問題之豕之肥育法效果，遂被利用之爲數學的說明。此種基於誘導技巧之說明法，尤其於通俗之講演及書籍提倡某種改良法時，殆無論何人亦使用之也。

然而似此諸人士，其任何時亦概置諸不問者，乃加乘法之背面，卽不利益之加乘是。故其所提倡之改良法，縱帶有若何缺陷，惟如其尙未甚顯著，則一向不以之爲問題。如右例，若實行此問題之肥育法，則結局於長久之期間中，或妨害豕之幾許健康，因而豕之體重，亦必爲若干之減退，且有時或多死亡也。現如將此種損失，乘全國之肥育總豕數，則依如右方法所得數百萬馬克之利益，今或爲此損失相消，亦未可知。更如此肥育法，縱爲完全無害，然而代此以起，常極少有其效果，且有時殆完全無效。尤以卽使其不然，所謂改良法者，較諸從來需要頗多之費用，自係普通之事實。是則以豕之關係頭數乘此增加費用，可知國民財產因此所受之損失，實亦爲數至大也。

職是之故，關於農業上之某種方法或組織，爲易於明瞭其效果而使用加乘法，殊須加以最審愼之注意。蓋非如是，則到處均有呈現詭辯之虞。尤其通俗論著之使用如此方法者，殊令人爲之皺眉。

吾人於茲以論及算術上之問題，故順序復舉一計數上之問題，此卽單位之面積是。米突法之爲學界採用，雖屬頗久，然其於農業方面用爲計算面積之單位者，如普魯士，現猶用普魯士摩爾根（Morgen），如巴陽，現仍用塔格威克（Tagwerk），如威登堡，則仍依威登堡摩爾根。雖然，似此不必要之不統一，終必使之消滅而後可。以現時之情況，如將馬鈴薯每法畝之收穫量記入腦海，則之普魯士，必閒每普魯士摩爾根之馬鈴薯收穫量爲幾何，其之巴陽，必閒每塔格威克之馬鈴薯收穫爲多寡等等。似此，爲判斷其收穫量之果爲多寡，實必須先於腦海而換算之也。

因是農科大學與其他學校，必須儘量使用米突法，以資青年農業者之熟習。若雜誌等所揭示之報告，其使用摩爾根與塔格威克等單位，在習慣上不能卽行廢除，則於其數字之傍，宜劃括弧而附記法畝單位之數字。似此，米突法之使用，如漸有熟習之望。

關於農業實驗研究之意義，前已詳細敍述。惟於茲有一難於滿足之事實，吾人猶願注意焉。此雖非有關於實驗研究方法之本身，然而其仍與各地方農業試驗場之工作，具有密切之關係。斯卽不外爲關於農事試驗並農業之科學論文的工場之大量生產。於研究機關之主腦者中，曾將上年度所施行之一時試驗並與此有關之各種推斷，每年各爲一小册而公佈。似此，如通讀其一年中所著就之書籍，試驗研究者之努力，唯有使人驚嘆不已；雖然，如仔細精讀之，則其不足之感，必油然而生。蓋委諸助手及其他而使觀察實驗圃場之收穫，且以此所得之實驗結果，或多少參考從前所實行類似研究之文獻，或竟不予以參考修正，而卽倉卒發表之，斯終不能視之爲科學的深究事物之本質也。且如思及其百中有一之確定事實，則爾克道夫(Eckendorfer)甜菜之根之部分收穫量，雖較勞特威茨(Leutewitzer)甜菜爲多，然而糖分之百分比，則係較少。由於如斯研究，果可重新獲得若何種類之知識乎？此誠任何亦不能獲得。吾人之所欲知者，乃爾克道夫甜菜之糖分，何故較勞特威茨爲少耶？其理論當如何說明之乎？甜菜之糖分與其他各種性質有如何之關係乎？此兩種之差，其平均程度又係如何？且其差別果以何而生乎？耕作法與繁殖法所及於糖分含量之影響如何等等。尤有進者，關於此種現象，從來有如何之學說乎？又許多之說明者，對此曾試用如何之說明法乎？故關於此種事實，若眞欲得其正確之研究，僅以特別之實驗報告，與其他一向不與此發生關係之諸多實驗報告，殊不充分也；實必須精密且組織的參閱關此過去有權威之研究與意見之文獻，考究此種實驗研究及與此有關係學說之歷史且更對偶然關係之事項，亦必須加以吟味而後可。似此，爾克道夫甜菜與勞特威茨甜菜之糖分之根本研究，始克達到。雖然，其如僅發表一時的實驗研究之結果，並陳列許多不正確之實驗，而無非予此以皮毛之說明及討論者，則吾人可呼此爲學問之工場經營，綫以如何善意觀之，若斯種類之研究，實不能認爲其深刻且有效果者。蓋其成就最優之事功者，乃在於有暇。科學知識，一切悉以徐徐且愼重之注意而成熟。故事實之決定，一切均必須以精確徐緩且深切注意之吟味而後可。其驅使許多研究者，爲實驗研究之工場經營者，乃錯誤之功名心也

屠能歷其一生僅著一孤立國，然而於此書中，實包括異常繁多之思想，使後世學者縱屢次從其中汲取新思想，而亦不能汲盡，大有如泉源不絕之觀。哥德僅於其主要鉅作之浮士德第一卷，即曾耗費三十年以上之時間。凱萊爲發表其著作，亦取頗愼重之態度。凡此一切，均其適例也。——即於實驗研究，亦唯有不急就者，而始克告其最良工作之完成。至急於神經質者，則率缺乏深刻而犧

牲正確也。

以上吾人已指摘若一觀及農業之文獻，則可知忽視先輩研究者不顧他人研究之弊害，實不勝遺憾其爲非常之多。關於此點，盧門克爾亦如前所引用者——參閱第八十九頁——而爲如次之非難曰：『今日各界人士，以急於發表狂之結果，致忽視現存之文獻，且有時竟剽竊而利用之，恰如自己之着先鞭者，正乃流行一時。』(註)例如農業經營學中，往往有如次之事實：卽由其他著者所創造之見解，多少改換其形式而取用之，對此創始者，則並不爲何等之涉及。惟是，此何者爲眞正之新發見？何者爲著者單純借用於他人？斯唯有精通其道之老練者，而始克明悉之也。雖然，其如斯而行之著者，於日後其他之著者亦相同採取彼之著作，且對彼一言亦不道及時，彼果感覺如何乎？

（註）哲學者包爾森（Paulsen），謂此種事實爲隱密之掠奪。——由倍林海門（Bernheim）之歷史方法及歷史哲學教科書（Lehrbuch der historischen Methode und der Geschichtsphilosophie, 5 und 6 Auflage 1908）引用——

藝術與科學，因其一切均爲歷史之發達者，故對參加藝術與科學建設之人，予以相當之名譽地位，且使其確保之，實爲唯一公正之途。不寧唯是，研究者，對無論任何先驅者之研究，限於其無誤而有用，則必須表示其敬意。似此，學問之連續性，始克保持。反此，若篤信自己遙較一切先驅者爲高明，因而從前之研究，均無顧及之必要，則如此之人，其必墜入有似自負庸醫之博識。（註）

（註）『藝術全體，有一系統之連繫。如一觀及大藝術家，則可知任誰亦均採取其先驅者之所長，由此以成就其自己之偉大也。如拉法爾（Raphael）之人物，非由平地而湧出者，彼等係以從前之古典作品與最優作品爲基礎，而進行研究之結果。若彼等不利用其當時所存在之優秀作品，則彼等之所成就者，殆將全不足道。』——哥德與愛克曼之談話，卷一，衣色爾版，第二九四頁。——

然而於引用其他之著者時，則願務須尊重舊日之習慣——限於無其他特殊理由之存在——，祇列舉其姓名，而不必特書其官銜。蓋於此之時，該研究者之具有博士學位、教授與大臣，或未具有普通之何等官銜，一切均不成問題。在實際生活上，由於生存競爭之必要，雖不得已而使用官銜；但關於學問上之事項，炫耀其官銜者，則實大錯。所謂『學者共和國』（Gelehrtenrepublik）之優秀之表現，蓋非爲無意義所製就者也。

著作者於其著述一書時，往往於書之開端揭示格言，並有時雖或無興趣，然於每章之首均揭有格言，以資裝飾點綴。此種事實，對其本身，雖不當爲何等之反對；然而關於格言之選擇及適用，則頗深加注意與審愼處理。若其爲不甚適當之格言，則有反不如無。由於所選格言之種類，往往可知著者之教養程度與興趣之善惡。其揭載恰當之格言者，實爲一種藝術。此與其不適切，則毋寧去此格言，而以著者自己之語揭示之之爲愈。於定期刊物農業雜誌等各號卷頭所揭載之新格言，不能認爲頗屬適當。此種格言，至少一部分，結局必爲平凡之語句。何耶？因至屬恰當之格言數，非若是其無限度者。

農學中現猶有一缺點者，卽將外國語農書附之等閒也。於農業教科書，農業全書，或獨創之研究書，均可見有此種缺點。自無待論，他方特別注意外國語之文獻之著者，亦非無其人，如弗祿威斯（Fruwirth）關於植物育種之著書，卽其一例。然而其祇無故多事參閱德文書籍，對外國語之研究論文，殆一種亦不引用，若是之著者，實則不勝其夥。試問果僅有德人而始貢獻於農學乎？於此農業經營學，其最大多數，亦可謂具有此種弊害。惟豐富利用外國語文獻之模範者，吾人可舉羅夏之農業經濟學。其唯有此書，於許多之點，始爲深邃研究之古典模範。

所謂等閒視外國語農書之缺點，乃許多農業著者所見之通病，卽如本書之著者自身，亦係其一人。固然，此種缺點，無何等之可宥恕；但其所以如此，則亦非無多少之理由。蓋農業者須長期積其實地之練習，更必須多年間攻修自然科學國民經濟學與農學中之諸多專門部門，且卽積如斯之諸多勞苦，而爲學問上之優良工作，然結局亦無非被報以至微之收入與不甚高之社會地位。卽彼較同受專門教育之其他一切職業者，常蒙受至不公平之苛待。於是其長期攻修之課程，於某時有多少爲之省略或減縮者，絕非可怪之事；且此省略，通常行之以高等教育之學習，卽主要語學之學習也。此點實爲非常困難之問題。強制農學學生學習之完成——受畢高等教育——，雖屬必要之事；惟果如是，則犧牲其實地之練習，致彼不能爲眞正之農學者也。（註）因是縱受畢長期教育，而至二十歲之終，但其一切作用，不必悉與麵包發生關係。

（註）由於此種見地或類似如此之理由，如亞爾波，曾反對強制農業教員之完全學習——卒業高等教育——也。然而於農業教員方面，則由其職業階級之利害上，而主張有卒業之必要。此點，亦至易理解。參閱亞爾波著農業經營學亞爾波

之意見，於農業教育方面，曾惹起猛烈之反對。——農業教育時報雜誌，一九一七年。

農學於其本質上，實構成百科辭典之科學，即其以各種之科學——諸多之自然科學、獸醫學、工學、林學、園藝學、經濟學與法律學等。——或爲前提或行包括之也。農學於長久之期間，曾爲一般農學者尤其大學關係之農學者，探求廣涉其全部領域之巨細知識，並有時而教授之。即如昆恩——一八二五——一九一〇——，至近世以前，亦爲廣涉農業全體之學者。於哈萊一方關於體系的農學——耕種養畜及經濟學——全部，爲詳細正式之講義；一方復對植物病理學，從事若干之小講義。（註一）似此，其所討論之問題，難於深刻徹底者，自係顯然。以農學範圍至廣汎也，故研究者，其如欲至少不墜入某種之外行，則唯有爲眞實之專門家而後可。因是近時之此種雜貨店式，遂多被廢棄，而代之以學問之分業者，自係當然之理。盧門克爾於其論文，固曾高倡百科辭典的獲得農業全體之知識，其必然爲淺薄與粗疏者也。（註二）職是之故，於今日德國之大學中，以經理上之便利，分固有之農學爲三種學科，即（一）耕種學科，（二）畜產學科，（三）農業經濟學科是。且此外普通復設農藝化學、農業機械學，與獸醫學等之講座。惟縱如斯分科，若各講座之擔任者，於自己獨特研究之外，對有關個人專門之各種知識，亦不欲使之落後，實必須以相當忙碌而黽勉攻求也。

（註一）昆恩爲農學教授中最重要之一人，且其門下之擔任講座者，亦復不少，故兩者相輔而行，自予農學教授法以重大之影響。

（註二）參閱盧門克爾之農業與科學，關於學術地位闡明之我見(Landwirtschaft und Wissenschaft. Ein offenes Wort zur Klärung der Lage. Berlin, bei P. Parey, 1905)，與近代農學及其向綜合大學之編入(Die moderne Landwirtschaftswissenschaft und ihrer Vertretung an den Universitäten. Journal für Landwirtschaft, 1897, S. 335-392)。

惟分業之程度過甚，則必發生某種弊害，亦自係事實。蓋農業於實際上，其所有方面均互有密切之關係，此一經營部門，顯著受其他經營部門之影響也。而爲討論此種相互之關係，始於他方有農學之綜合部門，即農業經濟學與農業地理學是。

於農業文獻中，學問上之分工，久已爲一般所實行。然而反此，於學術雜誌上，縱其較優者，當爲新刊批評時，現猶多不實行分工也。同一之記者，時而批判農業機械學教科書，時而批評關於畜馬之書籍，更時而評述土壤細菌之論著，似此一手而報告完全不同種類之事實，其必終於弗能適切。

且爲適切之批評卽本來之專門家，亦須相當之時間，故其絕非容易之工作。如斯事實，其若由專門家以外之人而爲之，則卽此批評文字，亦必爲普通一般之讀物也。——至於德國雜誌，其甚少注意且批判外國語文獻之事，則已如前述。(註)

（註）羅馬國際農業協會所發行之國際農報，係介紹批評各國所發行之各國語之論文。

關於大學程度學校中之學問上分類之必要，現時之意見雖頗一致，然而於此以外之學校，則似尙未十分注意。如農學校與冬期學校之教員及巡迴教師之學問上分工，卽其一例。故被認爲大學教授之所不能者，而向普通之農業教師，要求其通曉農學之全部領域。因是彼等必須或就牛馬豕等之飼養而講演，或就酪農、植物病理、驅除野鼠、農具、農業合作、農業金融、人造肥料、穀作、苜蓿草栽培、馬鈴薯作、蔬菜與果樹栽培等，而從事講授也。似此，其必爲一知半解者，誠乃不得已之事實。其雖有時亦可見設置畜產技士、育種技士與葡萄作教師；然而一般對各農業教師，則猶加以種類蕃多之工作。惟雖如此，其果能爲有益之工作乎？斯誠疑問耳。故若以耕種之專門家，同時承受諸多之郡，以其他同仁如畜產專門家，從事數郡之畜産事務，而代彼以一郡爲農業教師一人之業務區域，是則不當收其至好之效果乎？雖然，此為行政之技術問題，恐非若於各郡各設一名農業教師之簡易；但於技術者之性質上，其萬能之活動，果十分有利於實際農業耶？此於許多之時，殊成疑問。故專門家，較之具有農業各方面之大體知識之農業教師，其於實際農家，自可為遙較信賴之指導者。且關於農業全部之大體知識，有時農業家卻較諸農業教師為詳悉。然於正式農學校與較大耕種學校，以許多之農業教師同時教授，故於彼等之間從事分工，自非困難。如祿發赫 (Rufach) 農學校——亞爾薩斯——，當德國之時代，余曾執其十年以上之教鞭，該校係依如右所述而實行，其結果，對於學生確無不良。

已如前述，農學上今日所最置重者，為實驗研究，因是初步之農學者，博士候補者與助手等，率主要從事於實驗研究。似此，青年人士遂不積某地農場之實地經驗，而將其修業期間之大部分，多無意中消磨之於農藝化學實驗室，實驗研究圃場與顯微鏡室之中。此等事實，語其本身，固屬優美有興趣且有意義，可無容疑；惟彼等如此，其實非為真正之農學者，而多係農藝化學者——農業植物學者等——也。且如此主要攻修農藝化學等，而對本來之農業未為實地練習之人士，其後就農學之教職者，亦絕非稀奇。然而如斯事實，偶有其若干，雖一向非大問題，惟反之其如頻頻出現，斯則決不可任之自然。因農藝化學者，本非農業信徒，其當就農藝化學技師，農藝化學教師，及其他類似如此之職務。反之，欲教或研究農學本來之領域者——自亦有例外——，乃眞正之農業信徒，對農場與小農經營當如何作業？經營宜如何組織？如何而使其經營適應於周圍之情形？凡此一切，均必須自己體驗之也。且彼亦必由於一己農業上之體驗，而領會農業者所特有之心理。惟基於實驗之研究方法，其往往有過度被尊重之弊者，則以農學者於某程度自己甚少通曉農業之實際，惟有依據農藝化學者生理學者與植物學者等之立場，其始克觀察較多之事物也。

其次，農業經濟領域中之學者，往往有與大團體發生關係，與經濟政策上之實際運動相連繫，而爲煽惑的活躍者。此則以金錢上之理由，而必須如斯。惟於此情勢下，其所從事之工作，概不難窺知。雖然，吾人則以爲學問上之工作，與實際經濟政策上之運動，必須截然劃分，以一人而不與雙方發生關係之爲愈也。如立於具有政策上某種主張與傾向之團體指導地位而活動，則於暗默之中，一定政策上之立場，如爲農本論者而活動，必被規定爲一種義務。其果如斯，則科學之客觀性，自必以之而失去。故黨派之眼鏡，實動輒使眼界墜入斜視也。（註）如農場主之團體，其書記長若同情於提高勞動工資之主張，則彼將被視之爲叛徒而去職，故團體中之各員或其關係者，通常認爲祇有一切代表團體利害不顧其他之職務上義務。於是研究者若與此種政策活動發生關係，則常不能本諸自己所信而發表一切意見。反之，如保持獨立地位而不偏於任何黨派之大學教授，則於主張其學問上之見解，自遙爲自由也。

（註）哥德甚與此相同之見解，曾排斥含有政策之詩，謂其非爲藝術家之作品。——哥德與愛克曼之會談——

學者本來之靈感，非由其服膺若何之良善格言而獲得。所謂靈感者，於其受教育之先，早已取內心愛惜科學之形而自己具有之也。此乃由於試驗及其他之任何方法，亦不能十分試驗者。然而以內心之愛惜，而將全生命付之於科學，自己自然知悉其當爲何也。卽『由於無意識之衝動，而自然趨於正當之途徑。』彼之工作，不俟諸何等之修辭，可謂由於目所不能見之火而賦予以溫暖，且正徐徐反射特別明朗之精神煥發之光輝。至其無如此之愛惜而從事科學工作者，則適用次列聖經之詞：

「縱令我能道各國人之言與天使之語，然不被聽者接受，則亦如鐘鳴鼓響而已。」

附論

第十三章　農業地理學（註）

方法論之文獻

赤特納（A. Hettner）地理學之本質與方法　(Das Wesen und die Methoden der Geographie. Geographische Zeitschrift 1905, Heft 10, 11, und 12.)

克茲莽斯基著農業地理學之學術地位 (Die wissenschaftliche Stellung der Landwirtschaftsgeographie)，本文最初發表於 Fühlings Landwirtschaftliche Zeitung, 1911. 第二五二頁以後。後收錄於克茲莽斯基之亞爾薩斯——洛林之農業經營組織(Die landwirtsChaftliche Wirtschaftssystem Elsass=Lothringens, Gebweiler i. Elsass 1914, Verlag von Jul. Voltze)第二——二〇頁，與氏所著農業論叢第二卷(Vermischte landwirtschaftliche Aufsätze, 2. Heft, Stuttgart 1915, Verlag von Eug. Ulmer)第七三——八六頁。

希爾曼 (P. Hillmann) 著大學教育對象之農業地理學 (Die landwirtschaftliche Erdkunde als Gegenstand des Hochschulunterrichts, Fühlings Landwirtschaftliche Zeitung 1911.)第二八九頁以後。

克拉芋斯基之農業對於環境之歷史適應與農業地理學(Die geschichtliche Anpassung der Landwirtschaft an die Umwelt und die Landwirtschaftsgeographie, Illustrierte Landwirtschaftliche Zeitung 1912, Nr. 37 und 38.)

倍倫哈得 (H. Bernhard) 著科學之農業地理學(Agrargeographie als wissenschaftliche Disziplin, Petermanns Geographische Mitteilungen 1915, Heft 1, 3, 5, und 6.)

（註）本章論文，曾以同一標題之下，發表於一九一七年之 Landwirtschaftliche Jahrbüchern(Band. L, S. 407-431)。惟本論文，以其自身成一體系，故與本書以前之敘述，不無多少重複之處。

根據慣例，凡敍述農業地理學者，但先由斯學之定義開端。惟此事實，不必異常重視。蓋吾人所見，所謂定義其予學問以滿足之概念者，祇無非例外之事實耳。受學問之內容複雜，究不能以簡單輪廓之定義而表現之。

農業地理學（Agrargeographie, Landwirtschaftsgeographie, landwirtschaftliche Edkunde, landwirtschaftliche Topographie, grographie agricole）者，乃以研究農業之空間的地域的分佈構成與其條件爲任務者也。

倍倫哈得曾下如次之定義：（註）

「農業地理學之任務，在於剖示農業之地域的情形，且說明其自然的經濟的與文化的原因。」

（註）倍倫哈得之科學之農業地理學，第一〇二頁。

讀者依其所好，無論取此定義或彼定義或竟下定義，均無不可。惟是於任何之時，對此唯一之焦點，卽學問之無拘束且爲純潔之事實，概必須確保之也。易言之，定義不能承認其偏於實利實益，卽農業地理學，未具有如主要以促進農業之實地改良進步或與此相類之事實爲目的之內容。於其他之農學部門，雖以完成此種任務，殆爲其唯一之主要目的，而採取此非科學之態度；然而於斯農學部門，則甚不相宜。故於農業地理學，吾人首先須避採取此種立場。

如右所述，農業地理學，係以研究農業之地方的分佈構成與條件爲其任務。然則農業地理學爲達到此種目的，其必利用至多之方法與補助學也明矣。是故其補助手段，殆屬無限。

農業之地方的分佈與構成，由於時代變遷之結果者，至爲顯著。於農業地理學中，稱此特別置重於斯種關係之部分，爲歷史的農業地理學。(註)

（註）歷史的農業地理學，生態學的農業地理學，植產的農業地理學，畜產的農業地理學等之用語，係著者之所提倡者。

另一方面，農業之構成與組織，亦特別適應於其周圍環境之自然的及經濟的狀況，故於其相互之間，實具有密切之適應關係。而研究此農業與其地方事情之關係者，爲生態學的農業地理學。

農業地理學，爲研究其他學與學間之領域，且爲其他諸學連繫最多之學問，是於此意義，正可稱之爲限界領域學或連繫學也。（註）斯學與其他一切之地理學相同，與接鄰之諸學具有異常複雜之接觸場面。

（註）『限界領域，已屢爲學問工作上最有益之領域。』（倍倫哈得論文第一〇三頁）——希爾曼於其大學教育叢書之農業地理學中以斯學爲農業與地理學互相結合之集成學(Sammelwissenschaft)然而此集成學之稱呼，不必至爲恰當。蓋農業地理學，非惟以蒐集接鄰諸學之研究結果爲其任務，同時更——實則第一——爲獨自之研究，故其實形成一獨立之科學。

關於農業地理學之補助學，首可得而舉者，爲地理學。地理學，乃予人以地理之基礎概念也。惟農業地理學，亦可視其爲經濟地理學（英 Economic Geography；法 géographie économique）之一部。

其次之補助學，可舉爲農學之其他一切分科學——農業地理學，其本身亦爲農學之一部。——農業地理學，尤其與農業經營學具有密切之關係，實際此兩種學問之界限，於研究農業經營組織時，殆完全消滅。又由於其所討論材料之如何，與其他農學部門——如耕種學——關於植產的農業地理學之中——畜產學——關於畜產的農業地理學之內——之關係，亦異常密切。

歷史的農業地理學，其補助科學，尙可利用農業史、政治史及文化史、古代史、考古學及人類學、經濟學、言語學與法制史等。

生態學的農業地理學(註)爲其補助科學者，有自然科學、物理學、氣象學及氣候學、化學及農藝化學、地質學及土壤學、生態學、植物學——包括植物地理學——，動物學——包括動物地理學——，經濟學與統計學等。

（註）植產的農業地理學，畜產的農業地理學，與其他類似諸學，爲生態學的農業地理學之部分內容。

由是觀之，可知農業地理學，於此種意義上，實具有百科辭典之性質。故其研究，亦殊多散漫之虞。

於右述農業地理學之外，尙提倡或實行有其他之分類法，卽分爲總論農業地理學與各論農業地理學是也。總論農業地理學者，乃闡明農業之地理構成之一般法則性之部門。如屠能之各種農業經營法之立地研究，卽屬於此部門。此總論農業地理學，主要具有法則立定之性質（Nomothetischer Charakter)。

各論農業地理學者，則與是相反，乃特別記述且說明各國或各地方之農業也。其主要具有個性記述之性質(Idiographischer Charakter)。(註)

(註)法則立定與個性記述之表現，乃創始於哲學者之溫特爾板德(Windelband)。氏謂以一般概念——類概念——而研究一種學問，將其目標置之於一般法則之樹立者，爲法則立定的——如物理學、化學、心理學——。反之，個性記述之科學，則不特別留重於其類概念及一般法則，而將其目標置之於各重要事象之認識。——如地質發達史、政治史——惟法則立定之科學與個性記述之科學，其彼此區分，通常率弗能嚴格，因斯二者之性質，例如地理學，其往往合而爲一也。

倍倫哈得以與此稍異之意義，而下此總論與各論之定義，卽根據地理學中總論及各論時之普通用法——地理學總論——地球表面之全體觀察；地理學各論——地球表面之部分觀察——。彼謂爲完全把握農業地理之事象，分研究爲一般部門與特殊部門者，實最有效果。所謂一般部門者，乃研究全世界農業現象之謂也；特殊部門者，則指研究一定之地域而言。總論農業地理學，乃闡明法則之關係，而開拓綜觀全體之途徑；各論農業地理學，乃蒐集一般研究之資料，而深刻認識各小區域之個別事實。

關於農業地理學在農學全體領域中之地位，請參閱倍倫哈得所提倡之分類。——本書第一八七頁——

夫吾人何故於體系的農學之外，別更須農業地理學乎？體系的農學非記述且說明農業之一切部分耶？然！唯！但體系的農學，究不能將農業上之現象與其地理環境之一切互爲充分關聯而記述說明之也。不寧唯是，體系的農學雖必將事實各仍其原狀而拾來各自分類整理於各種科學部門，然後再爲一般之觀察；惟其與一定國家或一定地方之實際事情相關聯而觀察者，殆完全不實行或無非爲其至微之部分耳。

農業地理學之所爲者，其主要則與此相反。即不特別就一般事實作觀察，寧就特定地域及地方相關聯而觀察之。且其爲此，實欲儘量釋明農業上事實與地方環境之一切關係。故若此事實，其於不局限其成立根據於地方環境之體系的農學，乃所不能爲者也。

無待言，體系的研究方法與地理的研究方法之間，未有嚴格區別之存在。其於過渡之時，兩者均得互用之。即爲體系的研究者，其於某程度，須顧及地方之條件，而爲地理的研究者，亦於必要上，須斟酌體系的研究。學問與學問，隨時隨地均以過渡部分而相結合。其將此劃分者——多爲不得已之結果——，祇無非由於研究上分工之必要耳。

農業地理學，尤須研究各種農業現象相互間之關係，以及其與環境之關聯，農業地理學具有綜合之性質者，即由是耳。惟吾人前此所述體系的農學一部門之農業經營學，亦頗置重於此關係之研究，是農業經營學與農業地理學之具有密切關係者，自亦由於此。——

農業地理學之特色，在作地方的適應之考察。以吾人所見，經營組織，一切之作物，家畜之繁殖育成，地方普通農具之構造，農場與農舍之構造等，簡言之，即全體農業經營，實爲逐漸適應其地理環境之自然的經濟的情勢而演進者，且對正陸續變化之事實，復爲新之適應也。(註) 此種適應，可解釋之爲淘汰作用之結果——淘汰適應——。此等適應現象之研究——記述與說明——，實爲農業地理學之指導觀念與中心思想。

（註）瓦桀斯特拉特（Waterstradt），於其所著農業經濟學（Die Wirtschaftslehre des Landbaues, Stuttgart. bei Eng. Ulmer 1919）之卷頭中，曾正當的舉有此適應之觀念。

農業地理學之所以必要爲特殊之學問者，亦由於體系農學所喜用之實驗研究本有缺點也。凡此缺點，以上已詳爲說明。更約言之，實驗研究，係抽出其各個之要因，就其定性的並定量的研究其關係。但其於農業，許多之自然科學的與國民經濟學的要因，殆對一切之事象，均有其積極的與消極的作用，故全體要素之總和作用，實不能用數字以測定之也。——要因之交織——於是所謂經驗，弗如科學研究，雖屢爲人所高倡；然而欲判知此等要因之全部作用，則吾人實不能不依據經驗之教示。（註）固然科學研究之被特別適用，亦非少數；但此弗能謂其於任何時，率屬若是。科學之優越，非如人所想像之多妥切者。

（註）『唯理的形而上學之抽象論理，係追隨非論理的諸多生活事實之後。』——爾馬廷格（Ermatinger）著凱萊之生平書翰與日記（Gottfried Kellers Leben, Briefe, und Tagebücher. Stuttgart und Berlin.）第一卷第五八七頁。

然而若以農業之實地研究，決定全體要因之作用，則其足資爲最良之方法者，實乃農業地理學。農業地理學，係將一地方之農業而爲全體之觀察，首欲以經驗而測知其一切之因果關係。且即以此經驗爲基礎，進而樹立其學說。然同時爲其學說之吟味，亦時復回對照其經驗之基礎。

農業地理學，得組織爲一比較科學，且其如此，實有特殊之利益，斯固屢爲人所倡導者。「其他學問，如解剖學，曾有所謂比較解剖學；農業地理學，自亦可就各國各地方之農業，而爲一般之比較研究。果此，自足增高此新學問之價值。」（註）

（註）希爾貝之大學教育對象之農業地理學(Die landwirtschaftliche Erdkunde als Gegenstand des Hochschulunterrichtes, Fühlings Landwirtschaftliche Zeitung. 1911, S. 296.)

比較農業地理學，可爲實驗農學之有力補助與補足。各種互異水分之供給，對植物營養有如何之作用乎？吾人得實驗研究之——瑟爾好斯特(von Seelhorst)及其他——又由於比較觀察兩且不同各地之作物栽培狀況，得研究農業地理學的互異水分之作用。各種溫度所及於植物生活之影響，亦得以同一之實驗而測知；又觀察溫度迥異地方同一植物之栽培狀況，得比較的地理的而知其作用。各種植物，由於肥料之多寡，而表示如何之性狀乎？亦得由實驗而知之；惟他方異其施肥量之地方——經營之集約地方與粗放地方——之品種不同之作物——粗放品種與集約品種——，其又表示如何之生育狀態乎?(註)此則唯有以農業地理學的而知悉。相同之例，於家畜飼養上，亦可舉其種種。似此，農業地理學與實驗農學，實互爲有用之扶助，且可互相提供新問題也。——各地方經濟上之比較，亦予吾人以甚大之教訓。如自然狀況相同地方之每畝總收穫，各爲經營上集約度不同結果之反映。於此如能明瞭，即得判斷一國農業之生產額，尚可爲幾許之增加。

（註）克兹米斯基著集約度指標之栽培植物雜草與家畜(Kulturpflanzen, Unkräuter und Haustiere als Intersitätsindikatoren, Fühlings Landwirtschaftliche Zeitung 1903, Nr. 5 und 6.)與氏所著經營集約度與品種問題之關係(Beziehungen Zwischen der Betriebsintensität und der Sortenfrage, Jahrbücher der D. L. G. Bd. 28, 1913, S. 456–467)。

雖然，農業地理學，實有不能如實驗之抽出各個要因而研究之缺點。故對各要因之作用，率爲朦朧曖昧，且往往有完全不能認識者。惟他方農業地理學，則亦有如次之優點：即究不能以理論計算諸多要因之綜合作用，其得就此全體實地表面而無誤觀察之也。因是結果，故於認識實際農業上，實不劣於其他而同等重要者也。(註)

（註）希特芮（a. a. O.）曾注意及如次之事實卽比較的歸納的研究方法，雖於地理學爲異常重要，然他方對其適用價值，則不能評定過高蓋地理現象，其一切絕非能歸納的比較的研究而盡之也；反之，於他方面，不能與其他比較之獨特存在，且其須以特殊的而研究說明之者，實不勝其夥。

農業地理學，於其他方面，猶可補體系農學之不足。體系的農學，雖好以實驗爲研究之基礎，然而農業地理學亦間接利用此實驗也。熟悉農村之情形者，任誰亦所詳知，卽最普通之農業者，亦非如一般所常想像之若是簡單而從事其職業——如所謂『兒童無理由的仿其親長工作而工作』——；農業者，乃以其幼年所鍛鍊之專門的銳利眼光，而正確觀察一切。彼自己常爲種種之試驗，卽彼有時不顧其他而試驗之也，且對其試驗之結果復至注意，如見其有利，則卽應用之於經營。此其結果，吾人於前所述之淘汰作用，亦於玆出現。似此農業上之經驗，遂逐漸爲之積蓄，終於各地方普通小農經營之方法亦以之成立。且其如是，此種經驗，自益豐富。實驗其絕非近時所發見者，今日於公家試驗場所見之『科學的』研究，其與『實際家的』研究，祇於程度上有若干之不同，或甚至無絲毫之差異。『地球全面上之耕地，得謂其爲一大研究圃場，農業者於其上，已歷無數之世代而繼續其實驗。此種研究之結果，固未遺留文獻，惟仍有功而存在。且一般農業實地家所實行之地方普通農法，於某意義上，其已法典化。調查研究此種農法，且釋明其意義，斯即農業地理學之目的也。』（註）

（註）克茲茅斯基之農業對於環境之歷史適應與農業地理學（Die geschichtliche Anpassung der Landwirtschaft an die Umwelt und die Landwirtschaftsgeographie, Illustrierte Landwirtschaftliche Zeitung 1912, Nr.37 und 38.）

若更進一步考察之，則知學問之任務，非僅在於個別記載且說明其問題與事實，更宜明白顯示其研究對象之全體。吾人非祇於由此一專門家而獲知其所記載釋明之某地方小麥栽培，由他一專門家而得知酪農經營，更由他一專門家而知馬之飼養也，且復進而要求先知農業全體之形相與習性。蓋非如此，則吾人毫不得而知其地之農業也。重要事實，一切均明白抽出之，且將農業之生活實相充分表現，如斯之富麗記載，始足爲吾人之知識基礎。且此富麗之記載，於其本身，固往往爲一種說明。故事實之描寫與因果關係之研究，其非如人所常想像之若是對立者。記載與說明之限界，其混淆不清者，固數見不鮮之事實。——參閱第一八九頁以後——

充分描寫某地方之地域特色與事物特色，使其一切於吾人之腦海中刻有一清晰印象者，果爲誰乎？斯卽詩人是已。於此意義，農業地理學，亦含有藝術之分子。雖然，現在之農學，則甚少注意此點。一種富麗之記載，在某種意義上，實以其本身爲目的，其自身實一藝術品。（註）然而不幸其於現代，正處如次之時機，卽研究主要係於實驗室、試驗圃場與試驗畜舍之中實行，且直接之因果關係，無論何時亦重複搜求，關於歷史的發展之實地農業，注重其單純樸素記載之意義，實全然不見也。因描寫之學問，往往視之爲落伍者，故多致力於此種研究，則將爲人所恥笑。

（註）關於農業地理學之藝術性，余曾於論文農業地理學之學術地位（Die wissenschaftliche Stellung der Landwirtschaftsgeographie）中論述之。

拉茨爾爲農業地理學藝術敘述之最大讚美者，對此問題，曾著約達四百頁之鉅作。——拉茨爾著關於自然之描寫（Ueber Naturschilderung, München und Berlin, Verlag von Ollenbourg, 1904）——

然而倍林黑木曾警告於歷史學中，若特重藝術的審美的要素與爲使敘述之美化，則歷史之忠實，常有付諸犧牲之虞。但農業地理學中，關於環境等之敘述，其與此種關係，則斷然不同。敘述之美麗與眞實，在農業地理學中，多係至相一致者。誠然，此二語之意義，實往往一而二或二而一。惟倍林黑木之所言，敍述以眞實爲第一要素，於美麗則列爲第二，如是解釋，自可承認其正當。雖然，於許多之硏究，美之要素，則完全不成問題。加之，任何學者，亦缺乏藝術敍述之才能。參閱倍林黑木之歷史方法與歷史哲學敎科書(Lehrbuch der historischen Methode und der Geschichtsphilosophie)。——余所引用者，係該書第五版第六版，一九〇八年發行。參閱該書第一四五頁歷史與藝術之關係，及其最後一章之敍述。——

固然，僅以純粹記載爲科學之舊日見解，於歷史雖有意義且爲正當，惟其究屬偏見，今日實不通用也。但即如此，其如認爲輕視此純粹記載之價值，或無何等之意義，則又同屬偏見。記載在具體之科學上，實構成一重要之部分。(註)

(註)試觀舊動物學與動物解剖學，其於純記載的分類的動物學之時代，爲如何鉅大價值之貢獻乎？——留重於前述純粹敍述之吾人見解，其於動物學，則由格林納黑(Grenacher)——Vorlesungen über Allgemeine Zoologie, Kollegheft 1895/96——所採用，其於地理學，則爲希特芮所採用。反之，以純粹記載爲第二義之見解，雖於文獻或文獻以外——談話——均得見及，然而此種立場，吾人則不能認其爲眞正之哲學者。

實際上，關於各地及各國之農業記載，長期間曾異常忽視。惟其所以如是者，則以於哥德之世界觀中有至大作用之『尊重生成事物』，農學者未爲具備也。雖然，敍述其他各國之農業，而祇指摘其非者，則卻往往流行。——

更如回轉問題，其藝術敍述科學之對象者，於其他學問，亦非不能見及。如讀關於植物地理之論著者，則知於植物之地方的敍述中，常有至懷正如一覩詩人敍述之感。

詩人由於其個人素質之如何，或取此種見解及敍述法，或取彼種見解及敍述法。依吾人所見，於農業地理之記載，其至成爲問題者，乃古典中所見之客觀的樸素的且實證的描寫，如於荷馬（Homer）、哥德、凱萊等著作中所見之描寫。（註一）農業地理學者徐威茲，其爲意識的與否，雖係別一問題，然總之於其有名之農業地理記載，固皆採用此種方法。關此彼與哥德相同，對存在於此世界者，均以同一之興趣而臨之。故其所有各點，均值吾人之注意，且如仔細玩味此有興趣方面，則知一由於敍述者之注意之前提而出發。（註二）

（註一）關於此種作詩並其相反對之作詩——，席勒——可參閱希特芮之第十八世紀文藝史(Literaturgeschichte des 18. Jahrhunderts)哥德及席勒篇。——於茲所引用者，係第三版與第四版。——

抑留馬廷格於其前揭之書第一三八頁曾有言曰：『心理的審美學可分詩人爲兩種，即音韻學詩人與光學詩人是。凱棣穌於後者。視角形成彼之官能的精神的作用之焦點。』

（註二）徐萊（Wilhelm Scherer）於其所著德國文學史（Geschichte der deutschen Literatur, 12. Aufl, Berlin Weidmannsche Buchhandlung, 1910.）中，關於科學對象物之藝術家的討論，曾加以研究。——第六一六至六一七頁——至其例證，彼則舉有薩威尼之法律上敍述，法林漢根（Varnhagen）之傳記敍述，克勞塞威茲（Clausewitz）之軍事上資料之述說，與徐威茲之農業記載等。彼以徐威茲之敍述，爲既『優美』而且『明晰』是可知農業地理學——其於徐威茲主要成爲問題者，即係此也——之審美要素，已引起我文學史家之注意矣。

作詩時之最重要者，乃其所討論之對象，無論其爲感情、人物、環境之敍述與其他，均須具有相當典型而且普遍之性質。各個事象，絕非可輕視，豈惟非可輕視，而此各個事象之敍說，其始正有重大之意義。且即以此故，對於各個事象，必須顯然描出其典型的特徵。（註一）（註二）

（註一）哥德於其浮士德中，對詩人曾如次敍述：

將各自分離之事物納諸全體秩序之中，

而使其音調至相協和者誰耶？

（註二）余於拙著亞爾薩斯——洛林之農業經營組織（Die landwirtschaftlichen Wirtschaftssysteme Elsass=Lothringens, Gebweiler in Elsass, bei Boltze, 1914, S,14,）中，曾有如次敍述：『農業地理學，於其說明

之部分，雖利用自然科學及國民經濟學之方法，然於其純粹記述之部分，則最與作詩相類似。其以短小且簡潔之特徵而記述一國一地方之農業特色，猶如優秀詩人以撮要之簡語，而使某地方某都市與其他環境之狀況彷彿於目前也。於此成爲問題者，則在探求其主要特徵，且以適切表現方法而表現之。

『著者必須以宗教之忠實而描寫事實。恰如畫家當其鮮明忠實描寫爲日光所照臨之古代圓柱之風蝕彫溝時，對極微之陰影與極微之光澤，均不能忽略之相同，農業地理之記述者，亦必須以嚴正坦直而表示眞實然後可。畫家之寫生，其非如斯之正確固可，惟圓柱之彫溝則不許謂由於偶然之原因而有時爲不同之風蝕。』『藝術家絕不試行如此事實，彼若任意變更寫生法，則繪畫之微妙魔力——天然之技巧——便消失矣。』

農業地理之記載，認識其典型特質，實至重要。(註)故其於農業地理學者，由混沌錯雜之現象中，探求其典型者或特色之中庸者，實異常重要而且絕非容易之問題。試觀在某地方所普通存在之典型耕作，爲詳細調查其耕作順序與法則，而需要如何之繁難手續乎？且卽探求其最優秀之耕作順序——爲農業之皮毛記述者，乃至易之事——，斯亦決非有用也。何則？因偶然之異常耕作，與非典型之輪栽法，其實頻頻發生也。故於若記述某地方之家畜飼料時，不能以其地方最良農場之家畜爲典型之例；反之，對此家畜是否爲其地方所普通飼養之種類？其育成飼養法是否爲其地方所普通實行？其體重是否平均？此等一切，均必須首先確定。——尤有農業地理之記述，僅問各農場主而記載農場之一切，且即以此記載付印，其爲不可能也。因此種記載之集成，雖足資爲農業地理學之重要基石；然而其自身，則絕弗能形成本來之農業地理學。故此等材料，尚須由於視察——旅行——而知悉其地方農業之農業地理學者，加以審愼之整理。如此，則至能表現其典型的平均的該地方特色之記載，始可得而成立。尋問調查（Enqueten）與其相類似之調查，依吾人經驗，其弗能取優秀地理學者之深切注意的懇摯工作而代之也。

（註）恩格布雷希（Engelbrecht），於其所著徐來斯威西——好爾司坦之農耕及家畜（Bodenanbau und Viehstand in Schleswig=Holstein. Kiel 1907, I. Teil, S. 3,）中，曾有次之言謂曰：『確立農業經營學於鞏固基礎之上，乃年來所熱心努力者。惟其如是，關於實際狀態之正確知識，尤爲必要；而此事實，則惟有由於組織的大量觀察，始克獲得。試觀所謂『典型的經營』之概念，尤其於純益等之研究，其爲如何多成問題乎？然而一定地域中之典型，由於正確觀察與基諸綿密蒐集之事實資料而始得決定，關此任何人亦未想及。故限於此典型未決定，則關於各個經營之研究結果，實均屬可疑者也。至少關於一定地方之農業全體狀態，限於其欲由此導出何等之結論，當係如此。』——典型之概念，於歷史上，亦具有重要作用。各種事件，雖不必一切均使歷史研究家關心；然而其自身，縱非重要之事，惟其

如係典型之事項，則仍不失爲重要。例如中世紀之某貴族，於某某之日，曾食若何之食品，此其自身雖係一美事，然一向則弗引吾人之興感。惟於及知此種食品爲該時代貴族階級之典型者，則吾人對此食品表之歷史興味，立卽爲之喚起。——尤須爲詳細之考察者，乃社會學中之典型概念，參閱倍林咒木之著書，該書中索引之『典型』『典型的』等語。

於茲須注意者，卽當說明小農與中農最多地方之農業時，僅爲若干大農場之研究，且以其記載爲該地方農業之全貌，如斯偏頗不當之農業記述，實數見不鮮。雖然，此種方法，於他方固亦比較便利。何耶？因大農場之所有者，普通之教養程度率高，故關此如向彼訊問一切，則自較小農可易獲得要領之回答。惟其如此，則仍不能奏研究之效。何則？蓋大農場往往爲與小農場完全互異之經營，其技術進步集約度深者，本經驗上至明之事。且如人所周知，大農場多爲農業界之先驅者，使用許多人造肥料，使用新式之器具機械，且有集約之作物品種與家畜之種類，而爲合理之經營。故耕地之總收穫，牛豕之體重，乳牛之泌乳量等，平均恐較小農遙爲鉅大。（註）因是僅以大農場之狀態，而下全體農業之結論，殊不妥當。爲歷史的與地理的研究者，對小農亦與大農相同，而頗置重於其觀察。且其唯此，記述始爲客觀者，具有地方特色之農業實狀，始克確實表現也。歷史家，於小農及細民中，多可搜求古代文化之遺物；農業地理學者亦然，爲研究農業由於長年月之淘汰，而一切均至能適應其土地情狀，得於小農中，把握其絕好之機會。

（註）例若德國情形，即係如此。反之，其於瑞士，據勞爾之研究——關於瑞士農業純益率之研究（Untersnchungen betreffend die Rentabilität der schwerzerischen Landwirtschaft），瑞士農民聯盟刊行，年刊。——於經營集約度上，大農較諸小農無何等差異之處，且瑞士之小農，反表示其集約度較大農爲深。

於大農占重要地位之地方，如德國東北部各地方，當爲農業之地理記載與研究時，其宜置重於大農，無待言，斯固至當。——

農業地理之講話或敍述，由於製圖、繪畫、照相與其他圖表之助，可益便利無疑。吾人縱不認爲如倍倫哈得之以地圖繪畫照相而說明記述爲最重要，以由於語言文字之說明記述爲次要；然而無論如何，前者究不失爲重要。於茲猶憶及哈恩關於主要農耕方式——經營方式——之於全球上分佈所製就之有益地圖。此地圖，會明示狩獵漁獵民族、鋤耕、種植、農耕——犂耕——養畜——牧畜經營——、與園藝式農業之分佈。（註一）此外，關於各種作物家畜之分佈與各種類相互間比較多寡之分佈，其以圖表示之者，則有恩格布雷希之熱帶以外各國之農業地帶(Die Landbauzonen der aussertropischen Länder)，（註二）徐萊斯威西——好爾司坦之農耕及家畜(Bodenanbau und Viehstand in Schleswig=Holstein)，（註三）與印度農作物之地理分佈(Die Feldfrüchte Indiens in ihrer geographischen Verbreitung)，（註四）各以農業統計為基礎而表示之。其圖示農業經營方法之分佈者，則有鮑里茲之關於威登堡之著述，（註五）與余關於亞爾薩斯——洛蘭之著述。（註六）其以地圖表示一國中各家畜品種之分佈者，則有克箚斯皮爾之關於德國牛之品種地方分佈之研究。（註七）非惟此也，他若以製圖方法而得洞悉農業之地理事項者，猶不勝枚舉。

（註一）哈恩之地圖標題為世界之經營方式(Die Wirtschaftsformen der Erde)。最初係發表於 Petermanns Geographische Mitteilungen, 1892, Heft I, 其後則收錄於其所著家畜與其對於人類經濟之關係——地理學的考察(Die Haustiere und ihrer Beziehungen zur Wirtschaft des Menschen. Eine geographische Studie Leipzig 1896, Verlag von Duncker u. Humblot)之中。

（註二） 3 Teile, Berlin, bei Reimer, 1898-1899.

（註三）Zwei Bände und ein Atlas, Kiel, Verlag der Landwirtschaftskammer, 1905 u. 1907.

（註四）Zwei Teile, Hnmbnrg, bei Eriederischen u. Co. 1914.

（註五）魁理兹著威登堡王國當時存在之耕作組織與耕作順序(G riz, Die im Konigreich Württernberg üblichen Feldsystem und Fruchtfolgen. Tübingen, bei Ludwiz Friedr. Fues, 1818.)

（註六）拙著近世農政——勞働之農業經營組織——原文見前——

（註七）克萊斯皮隆 (Kdispel)著德國牛之品種分佈(Die Verbreitung der Rinderschläge in Den schland, Nebst 2 Uebersichtskarten, Arbeiten der D. L. G. Heft 23. Zweite Auflage, Berlin, 1907.)

用文字敍述，其於諸多之時，得以繪畫與照相而爲有利之補足，自係顯然。故如某地方之普通農場農舍與其農具（註）——如布倫格爾特之地圖——及家畜種類等之繪畫照相，或表示所記述地方全體典型狀態之繪畫照相等，其於補足以文字或語言之說明，固往往異常有用也。

（註）布倫格爾特著農具實用之太古史的人類學的意義 (Die Ackerbangeräte in ihren praktis hen Beziehnng wie nach ihrer urgeschichilichen nnd ethnographischen Bedeutnng. Heidelberg, 1881)之附圖。

與地圖繪畫相對照而說明某地方之狀態，固屢有其異常適當之時。如毛斯 (H. Moos) 之綠測侖州分立之農場(Die Einzelhörfe im Kanton.Luzern)一論文，(註)卽其一例。氏於此論文，曾以地圖而明示分立農場之地方普通士著之狀況，且以美麗之繪畫而使分立農場自身活躍於目前。

(註)此論文，曾爲紀念克萊梅(Krämer)古稀之辰之論文集 Forschungen auf dem Gebiete der Landwirtschaft-Frauenfeld, bei J. Huber, 1902——中所採錄。

地理學，曾屢被稱爲包括歷史要素之自然科學。惟地理學，僅以所謂自然科學，實不能充分詳盡，就中人類之歷史，亦有其重大作用。——所謂地理學之二元性質者，卽以是故。

在似與此相關聯而又稍形不同之意義上，可分農業地理學爲兩部分。農業對於環境之現在關係，不能說明一切之農業現象。如農業上制度、習慣、經營組織、農具、家畜及作物等之分佈，唯有由於歷史的——發生的——而始得說明之也。生態學的農業地理學，雖以自然科學的並國民經濟學的而解釋農業對於環境之適應現象；然而歷史的農業地理學，則以農業唯有由於其歷史的發達研究而始得知其由來之部分爲研究對象。無待論，於此歷史的農業地理學及生態學的農業地理學之間，弗能截然劃分兩者之界限，蓋彼此實互相爲用耳。

關於此歷史的農業地理學，與其補助學吾人尙欲贅述數語。蓋生態學的農業地理學，其內容，雖至少亦與歷史的農業地理學爲同等之廣汎然究得以至簡單之方法而把握，故無重述之必要；反之，歷史的考察方法，於現時之農學研究上，則率多不顧及也。

農業地理學中，唯有由於歷史的考察而始得理解之部分，實數見不鮮。於此以若干實例示之，自易明瞭。例如農業經營組織中最重要之一，各國率形普及，農業地理學上有重要地位之三圃農法，其本質，唯有由於考察土地最初分配及土著之狀態，更有分耕地爲三種之耕地，此耕地復分爲圃地，此圃地更細分爲各農家所有之圃地，且將其剩餘之土地爲共有而利用之，以及其他有關之一切事項，而始克理解之也。

是故主要農業方式之理解，發生的考察方法，實爲不可或缺者。若一瞥及各種農業方式之地球上分佈，與觀夫狩獵漁獵民族、牧畜民族及農業國家之分佈，則必發生如次之種種問題：卽各種之農耕方式，如何而成立於某地某時耶？又如何而擴充於世界各地耶？且某種經營方式，如何而傳入某國耶？若解決此等問題，則於茲對農耕方式分佈之根據，自可明瞭。但於此等問題之解答，歷史的與地理的，其殆弗能分離。是故於農業歷史家與農業地理之研究者，研究農業果以如次之三階段，卽

狩獵及漁獵——遊牧——農耕

之順序而發達之乎——遊牧說——？抑以如哈恩之假設，取若右之型

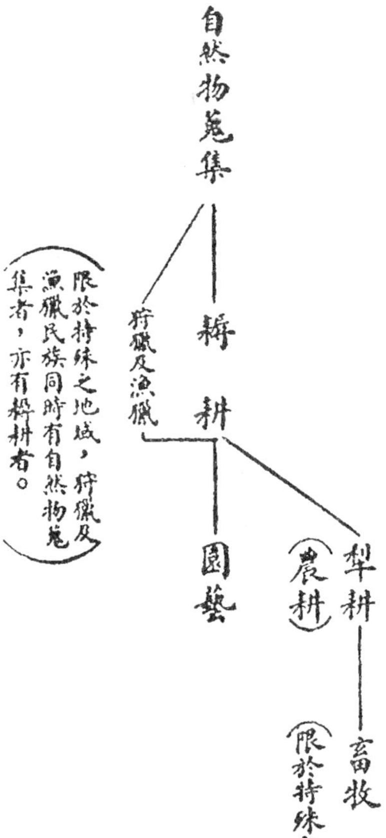

而發達之乎？或於此以外別有發達史之假設乎？實最重要者也。（註）

（註）哈恩曾於許多之論著，發表其學說。其中最足表現此種思想者，為犂耕——我農耕法中——之起源（Die

Entstehung der Pflugkultur. unseres Ackerbaues. Heidelberg, bei Winter 1909)，殊値吾人之首先推獎。此外，可參閱氏著關於吾人農耕起源一說之研究(Versuch einer Theorie der Entstehung, unseres Ackerbaues, Lübeck, bei Max Schmidt, 1898) ——非賣品——，與由鋤至犂 (Von der Hacke zum Pflug, Leipzig, bei Quelle u. Meyer, 1914)。

茲由農業全體形態，轉而就各個經營組織觀察之。於此亦有全相類似且大部現猶未決之問題。各種經營組織，如何成立於某地且何時成立之乎？又其如何普及於各國乎？關於當視爲其標本之例所謂三圃農法，吾人前已敍述。至其他之經營組織——或土地利用方法——，亦屬相同。語其起源，雖大部均頗悠久，惟關於歷史之報告，則現猶闕如。尤以古代之歷史家，對純經濟問題漠不關心，致此事實益弗得彰。同時他方，正確研究入於比較新近歷史時代所發生之變化，自亦異常重要。關於新經營方式之輸入，與因此一經營方式之輸入而排除他一經營方式，其歷史的得多少明瞭之例，實不勝枚舉。即關此可憶起如次之事實：穀草式農法，約由十六世紀之交，擴充至歷來實行主穀式——部分的亦有三圃式——之英國，徐萊斯威西——好爾司坦，與東海沿岸地方；（註一）

瑞士之大部分於十九世紀中，變三圃式爲芻草式；（註二）至近代以來，於英國及德國之若干地方，牧放式經營——永久牧場——，實異常之多。

（註一）據漢森(Georg Hanssen)農業史論考(Agrarhistorische Abhandlungen)第一卷第二五六頁以後之所述，於徐萊斯威西——好爾司坦——除去沼澤地——，當穀草式——牧地式——經營未輸入以前，占其地目中支配之地位者，爲永久耕地與永久牧放地，至穀草式則無非部分的行之，卽僅存在於農場之周圍耳。耕地雖交錯，然未實行三圃農法，祇耕作爲一種之主穀式，卽穀作逐年賡續行之，往往爲單一作物之連續耕作，斯乃一圃式農法。牧地式經營，最初創始於好爾司坦，其後於『經數百年之久，由於森林之開墾，小農地之合併，與低濕地之排水等，而始逐漸成爲如今日之大』之大農場，亦採用之。此等貴族之大農場，係以垣圍繞廣大耕地，竭力與共有地分離。垣以壁壘或籬——至少後代如此——製成。似此有名之牧地，乃以成立。與此同時或多在其後，亦可見廢止使用牧地爲永久耕地或永久牧放地，而交互變換其利用法，以之爲穀草式之經營。農場經營中之養畜部門，最初置重於牛之肥育，其後則以酪農——製造奶油——爲主。

發生於好爾司坦之穀草式耕作法，其後爲『好爾司坦式牧場式耕作法』，而首先傳之於徐萊斯威西之大農場，繼之小農亦逐漸經營此種耕作。良以彼等逐日目擊大農場中牧地式之優良成績，自欲起而試行之也。惟以無圍繞之農地，不得卽時實施，於是彼等於採用本來牧場式耕作之前，實必須經過種種之準備與過渡階段。卽有最初由於私的，其後由於國家之法令的助力而實行耕地分割，卽以此由耕地交錯分離之土地，而以垣圍繞之，使爲私有牧場，俾資實行穀草式耕作者；亦有共同圍繞處土地交錯狀態之一定地域之耕地全部——村落牧場——，對包括於其中之全部土地，由於共同強制耕作，而實行穀草式之經營者。更有不特別圍繞耕地，強制耕作制度，雖仍舊日原狀而保持之，然其耕作方式，則已非主穀式，而實爲穀草式。且廢止從來之永久牧放地，而將其劃歸於穀草式耕作順序之中。其後爲廢除共有地整理耕地——交換分合——，以創立實行穀草式耕作之小農所屬私有牧場，復屢請求其法律之助是策。丹麥政府於十八世紀中，已獲得此種事業之優良成績。以此，全部之土地，乃逐漸化爲私有牧場。

此種穀草式耕作法，以非依一定不移之型，由徐萊斯威西——好爾司坦，而擴充至其他遠隔之地方，卽梅克崙堡(Mec lenburg)，坡美崙(Pommern)，馬克布蘭登堡(Mark Brandenburg)等方面。

關於好爾司坦牧場式經營之成立及普及，思絡布雷希之見解，則與漢森之見解稍有不同。據思絡布雷希之意見——徐萊斯威西——好爾司坦之農耕及家畜(Bode anban und Viehstand in Schleswig=Holstein, I. Bd. S. 6, 110ff, 191, ferner Kärtchen)第一卷——，徐萊斯威西——好爾司坦——沼澤地以情形不同而除外——於牧場式經營之輸入前，非惟實行一圃式之主穀式農法，且復實行二圃式與三圃式之農法。更於今日所見之徐萊斯威西——好爾司坦穀草式耕作順序中，亦可認知其有往時二圃式與三圃式農法之遺物。

（註二）參爾之小農經營學(Petriebslehre für bäuerliche Verhaltnisse, I. Aufl, Aarau, bei Wirz, 1907)，福爾喀特(A. Volkart)之瑞士三圃式農法與山地穀草式農法(Dreifelder=und Egartenwirtschaft in der Schweiz, In "Forschungen auf dem Gebiete der Landwirtschaft," Festschrift zum 70. Geburtstage von Adolf Krämer, Frauenfeld, bei J. Huber, 1902)，蘇特 (J. Suter) 之瑞士東北部中部之山嶺丘陵地之耕

草地式經營（Die reine Graswirtschaft in der Hügelregion des nordost=und zentralschweizerischen Alpenfusslandes, Landwirtschaftliche Jahrbücher 1910）。

據勞爾之研究，瑞士純草地式經營之耕地，所占全體農地——除林地——之比例，最高不過五〇%，普通率較此猶小，卽僅〇——二%耳。然而據蘇特以許多證據資料爲基礎之所言，瑞士東北部與中部山麓之純草地式經營，幾乎其全部，現時始有此極少之耕地，往時殆全實行三圃式農法也。現時之草地式經營多係直接由三圃式農法轉化者，於若干之小地域，三圃式農法，先變爲山地穀草式經營，且由此三圃式經營耕地比例之異常減少，終於轉化而爲草地式經營。總之，右列地域之三圃式農法，其大部分至十九世紀仍存在。——更據勞爾之研究，於瑞士平原地方改良三圃式農法，爲今日最廣汎普及之土地利用法。——主穀式農法，或三圃式農法，其轉化爲草地式農法之原因，可得而知者，則爲穀價之下落，畜產物價之良好，與以工業發達之勞動工資騰貴耳。惟其以適宜之氣候狀態——雨量特多——而有資於草之生長爲前提條件者，自無待言。

歷史的農業地理學，有如歷史的——發生的——植物地理學，在研究各種植物之傳來與其形態變化，而亦在於研究各種經營方法之傳來與其形態變化也。經營方式對於其地方環境之適應，得由地域淘汰而說明，猶之如從他處傳來動植物之適應，得歸之於立地淘汰也。

非僅各種經營方式由一定地方廣行擴充於其他地方；卽如農業經營中之各種事物與各種

要素，例若各種農具，耕作方法，家畜與作物之品種等，亦均擴充移行。布倫格爾特於其許多之研究，皆證明種種之民族——法蘭克人、日耳曼人、巴約法人(Bajuvaren)等。——各由他處輸入特種之馬耙與其他之農具。布倫格爾特之所說，其多為假設，且復多可疑之點，雖未可知；然而要之，彼不拘執於歷史家為無甚價值之反對意見，注全力於農業之歷史的地理的研究者，誠不能不謂為偉大之功績。(註)

（註）關此布倫格爾特之著作，有如次列：農具實用之太古史的人類學的意義 (Die Ackerbaugeräte in ihren praktischen Beziehungen wie nach ihrer urgeschichtlichen und ethnographischen Bedeutung, Heidelberg,1881) 與同書附圖四十八頁，全印度日耳曼族之農業發祥地 (Die Urheimat der Landwirtschaft aller indogermanischen Völker, Heidelberg, bei Winter, 1912) 及南日耳曼族 (Die Sudgermanen, Heidelberg. bei Winter, 1914)。此後二書，為布倫格爾特已達老齡時所發表者，雖不能認為十分滿意，然而其所蒐集之事實的資料，例如關於古代農具之資料等，可知其頗豐富。且若非彼，則此種資料，恐完全或幾乎不能蒐集也。

關於家畜品種之分佈，亦有相同之研究。如鮑穆於羊之飼養一書(註)中所發表之意見，即其一例。依彼研究，謂移居於歐洲之民族，各皆攜其自有之羊羣而並至，因是羊之種類，亦由於各民族而互異。於彼之著書中，對民族不同而羊種亦異，曾以地圖表示之。此種學說，其本身果能獲得正鵠與否？於茲不成問題——判斷此者，唯有專門家始能之——；所當重視者，第係如此事物之歷史研究，其方法足資尊重，且可使與農業地理事實之說明相關聯。

（註）迫姆 (J. Bohm) 著羊之飼養 (Die Schafzucht. Neue Ausgabe. 2. Bände, Verlag von Paul Parey, 1883.）

於茲猶可幷得而舉者，爲麥沉(Meitzen) 之研究。彼以村落之構成，爲聚村圓村列條村等，土著之形式，爲分地式集團農場式等之事實，而表示民族之特徵。(註) 且與此相關聯而不可忘者，爲小農家屋之研究。小農家屋之研究，其自身雖應爲獨立學問而研究，然其與農業地理學猶有密切之關係，故有時亦可視爲農業地理學之一部門。

（註）麥沉之著書，頗爲浩瀚，故農學者與農業研究者中，殆無能細讀其原本之充分時間。惟爲簡單知悉於茲成爲問題之麥沉見解，可參閱休留特(Otto Schlüter) 之農村土著之形態 (Die formen der ländlichen Siedelungen, "Nach Meitzen" Geographische zeitschrift 1900) 第二四八頁以後。

關於植物相（Flora）與動物相（Fauna）之自然科學說明，殘存說（Reliktentheorie）或殘存假設，亦有相當力量。例如某種植物或植物羣落，認其爲冰河期之遺物，由冰河時期而遺留至今日者；又歐洲中部若干溫帶之喜尙暖氣之植物羣，視爲草原之遺物，由地質時代之溫暖期而殘存者等——關於此種見解，亦自有異說。——與此相同，農業地理學，亦有殘存說。例如漢森（註一）解釋今日普通所見之德國山地穀草式農法，爲古代日耳曼人穀草式之遺物，據彼所述，此穀草式在於以後三圃式農法之前。又於山地雖多少存在，然而現今正趨消滅之燒地式經營，恐爲往時異常普遍實行粗放舊式經營方法之一遺物。他如今日之園藝作，據哈恩之意見，乃古代耨耕遺物之改良或變化者。某種栽培植物——一條種小麥（Triticum monococcum）二條種小麥（Triticum dicoccum），六條種大麥（Hordeum hexastichum）弧形大麥（Hordeum distichum Zeocrithum），西洋燕麥（Avena Strigosa）。——與某種家畜——如某地方之羊——，實爲往昔異常普遍之粗放農業之遺物，今日雖正逐漸消滅，然而於若干地方之粗放經營，則仍殘存，故此可謂之爲一粗放品種或粗放畜種。（註二）又由於地方在輪栽式農法之耕作順序中，並保存有古代三圃式農法之遺物。（註三）此等遺物之由來，唯有由歷史的觀察而始得理解，自無待言。

（註一）漢森之農業史論考（Agrarhistorische Abhandlungen. 2. Bände, Leipzig, bei Hirzel, 1880 und 1884).

（註二）參照拙著集約度指標之栽培植物雜草及家畜（Kulturpflanzen, Unkräuter und Haustiere als Intersitätsindikatoren, Fühlings Landwirtschaftliche Zeitung 1905, Nr. 5 und 6.)

（註三）參照拙著亞爾薩斯——洛林之農業經營組織（Die landwirtschaftlichen Wirtschaftssysteme Elsass=Lothringens, 1914）及同誌第一三一——一六一頁之下亞爾薩斯之三圃法一章。

吾人於本章欲論之部分，宜列舉與歷史的農業地理學有關係之補助學。茲擬就其與此補助學之關係，於此示以若干之例證。

農業史，爲理解歷史的農業地理學所必要，觀諸上述，自可明悉。至政治史與文化史，亦爲其必要之補助學，應加首肯。關於此由反面觀察之，而舉其一二例證。德國古代之農業進步，至近世之前，難人均歸功於羅馬之殖民；然今日之許多學者，則認爲農業經營法，實由原始住民所創始。又農業上之進步，人均謂完全由於卡爾大帝，惟以相一經明瞭，則知向無其事也。

又太古史及考古學，亦與農業地理學有互相關聯。如犂之發達史，卽其一例。爲知悉現今之犂與往時之犂之分佈，解決此問題，實異常重要，因是學者中，已有許多從事研究者。然爲解決此困難問題，須借助於太古史及考古學，始最適當。蓋斯二者，關於古代之犂及其他之農耕器具，曾予以充分之說明也。又欲知現存栽培作物及家畜之起源與分佈之沿革，其於有史以前之研究——如饒及最饒興味之湖上居住民族之遺物——，自不可附諸等閒。太古史，若爲前史時代之耕地研究，則農業地理學，亦必與之相適應，而研究現存高原農圃之分佈與其意義。如威爾特（Welter）於各森林地方，尋求地中石塊上之犂痕，俾資證明前史時代其地是否實行農耕？此種研究，實不能不認爲至有興味。

人類學，亦與農業地理學有關係，且此二種學問，部分的實屬相同。關於人類學者所記載之某某民族食物獲得法、土地耕作法與家畜飼養法等，農業地理學者，亦與人類學者具有相同之關心。又如諸多國民之習俗與傳說，更進而如宗教，亦與耕作有密切之關係。由一民族之風俗與神話，得導出關於土地耕作法之若干結論。反之，由農耕法，亦可考證神話等之成立。

當理解歷史的農業地理學時，國民經濟學，尤其農業經濟學，具有重要之關係，無待贅言。在能明瞭國民經濟學與農業地理學中間之複雜關係上，如羅夏(Roscher)之農業經濟學(Nationalökonomik des Ackerbaues)，殊屬罕見。斯書記述農業地理與農業歷史，實異常豐富。

歷史的農業地理學，亦多借語言學之助。惟反而言之，其有助於語言學之研究者，亦數見不鮮。關於各民族所特有之農業古代語中，無論就語言學觀之，或就農業觀之，其頗饒濃厚之興味者，實不勝其多。然而關於此種事實，其於農業研究者方面，則有彼等殆不理解語言學之缺點；其於語言學者方面，則亦有不能理解農業之弱處。故此兩方面之研究，自必互相輔助而後可。（註一）其由農業關係之材料，而如何有利於成就語言學之研究，此以最明顯之例示之，則爲約翰馬爾(Johannes Meyer)之三領耕地(Die drei Zelgen)一書。（註二）於此書中，其表現耕作法之技術，各種之耕地，整理耕地，植物之種植，與農民之風俗等諸多之字句，悉以語言學的論述之。

（註一）關於語言之知識及由其所表現事物之知識，努力求其密切結合者，皆由許多之語言學者與歷史家等，刊於雜誌Wörter und Sachen. Kulturhistorische Zeitschrift für Sprach= und Sachforschung, Verlag von

C. Winter in Heidelberg 中，而從事試驗研究。

（註二） Johannes Meyer, Die drei Zelgen, Ein Beitrag zur Geschichte des alten Landbaus. Programm der thurgauischen Kantonschule, Frauenfeld 1880.

法制史，於理解農業地理狀態上，亦有重要之關係。即如土地之分配與大農場 (Rittergüter) 之成立，其無法制史之知識，實不能理解。且就分地制度，共有地制度，放牧權與租佃慣例等之成因觀之，爲其決定之要素者，實法制史也。(註)

（註）著分地制度之農業研究者，其缺乏法制史之知識，乃漢森之缺點。

論及歷史的農業地理學，與其補助學之關係，暫止於以上之敍說。復次，則就生態學的農業地理學一言之。此由分量上言，其雖占斯學之主要部分，然吾人究得極簡賅而表現之。蓋農業地理學中之主要依自然科學的與國民經濟學的考察方法，其於通曉體系的農學之人士，自較諸純歷史考察方法爲容易耳。

吾人於本章之緒論部分，關於生態學的農業地理學之補助學，已列舉其中之最重要者。即自然科學、尤其物理學、氣象學及氣候學、化學及農藝化學、地質學及土壤學、生物學、植物學——包括植物地理學——、動物學——包括動物地理學——、國民經濟學與統計學等。於以前敍述農學之體系時，已明示及之，其於詮釋農業現象上，對各方面具有如何之作用，且必須有如何之作用。同等事實，於農學之地理部門，尤其於生態學的農業地理學，亦均得適用。關於植物學，農學者通常以植物分類學、植物解剖學與植物生理學之知識而滿足。然而於農業地理學，則於右述之外，尙不能缺植物學之他一部門，即植物地理學也。土壤之性狀、地質、氣候狀態、地形與夫其他事項，以由現存之自然的植物相而被賦予明顯之特徵，故農業地理學者，勢非對此加以注意不可。（註）許多之人類發生學的植物相，例如秣場及牧放地，其引起農業地理學者之關心，亦與植物地理學者相同。關此例證，可舉淑立希(Zürich)之斯提布勒與徐席特(Schlöter)、布萊梅之韋伯（Weber）、科爾馬(Colmar)與伊勢勒(Issler)等。至農作物分類學，乃植物地理學與農業地理學之所共通者。農業上雜草之分佈，植物地理學嘗爲之詳細記述。恩格布雷希於其所著之熱帶以外各國之農業地帶(Landbauzonen der aussertropischen Länder)中，曾努力使農學與植物地理學更進而與氣候學密切結合。——植物氣候學，為植物地理學之一部門，其為人所周知，討論各種植物，由於其所在地之不同，而發芽、開花、果實成熟等之時間，亦自迥異，為其任務。若將一定植物與其開花期地點，於地圖上明示之，則自可繪一點線，且關於此點線之動作，亦可得而研究。所謂農業氣候學，即以與此相同之方法而樹立。例如將大麥之播種期或收穫期相同之地點，取諸地圖之上而速結之，則關於此點線之行動方向，自得為理論之研究。

（註）斯提布勒與宮爾喀特合著最良之飼料植物第1卷(Stebler und Volkart, Die besten Futterpflanzen, I. Bd, 4. Aufl, Bern 1913)第二三頁：「現存之植物相，其表示土壤之性質，遠較物理的與化學的土壤分析為敏銳。」

動物地理學，無待言，亦與生態學的農業地理學有密切關係。惟於理解後者之動物地理學之意義，則絕不若植物地理學之重大。

為解決生態學的農業地理學之諸問題，其必須藉助於國民經濟學及統計學者，實至明瞭。吾人關於此點，對恩格布雷希所主張及其首先實施之農業地理學方法，願喚起讀者之注意。斯即不外為同價線之圖示。如氣象學及氣候學，連繫氣壓相等之處所而劃等壓線，連接溫度相同之土地而劃等溫線，是則將一定農產物價格相同之地方，而於地圖上聯繫之，自亦可得相同之結果。於茲所謂恩格布雷希之等價線因以成立——如小麥等價線、馬鈴薯等價線、乾草等價線等——。農產物價格，於一定地方之農業構成，具有決定之意義，自屠能之集約度學說出現以來，已爲人所周知。——屠能之孤立國經濟圈自身，即係等價線。——由此等價線之分佈，可以明瞭諸種事實。以運費之低廉——由於鐵路運河之建設——，一國內各地方物價，至得爲之平均，結局等價線之間隔，因以愈廣。於過剩生產某種物產，因而須將其輸出於他處，價格最低廉，則其呈示最低價格；反之，於專消費生產物之地方，則價格最高，即呈示最高價格。於諸多之地方，自有各種生產物之最高價格與最低價格，且同一生產物之最高與最低價格，以時間之推移，其場所亦爲之變動。似此，則此等事象之間，實有至形複雜之組織。『此等價線，對於農業經營學，恰如等溫線之於氣象學，具有相類似之意義。』（註）

（註）恩格布雷希之熱帶以外各國之農耕地帶第一卷（Die Landbanzonen der ansseriröpischen L:ïnder, Bd. I.）第十五頁與第二十三頁。恩氏曾將此等價線之理論，應用實施於其所著穀價之地理分佈第一部北美——一九

〇三年刊——第二部印度——一九〇八年刊——（Die geographische Verteilung der Getreidepreise. I. Teil, Nordamerika. Verlag von Paul Parey in Berlin, 1903; II. Teil, Indien. Verlag von Paul Parey in Berlin, 1908）。

倍倫哈特於已揭之許多方法論的論文中，曾集錄關於農業地理學——其主要者，係於茲所述之生態學的農業地理學——之無數問題。此種問題之集錄，自非完全，且其性質上亦爲當然之勢；惟是，其於農業地理學上，固猶可爲內容豐富之綱領，故謂足資喚起讀者之注意。

農業地理學，於某種意義上，係最早即已存在，惟當時未成爲獨立之科學耳。往時因學問分科之少，故農業地理學上之事項，率與農學其他部分及農學以外之事項，相混同並論。因是農業地理學，實與農業史相同，未與實驗的體系的農學之顯著發達同等之步伐而進步。尤其於李比西出現後以迄今日，其實被視之爲繼子，祇認爲有副次之重要性，且在如是情勢下而研究。所謂『研究以實驗爲第一』之一種流行標語，自殃及農業地理學之發生。且不寧唯是，如過度高倡實利主義時代之思潮，亦使其不利也。恩格布需希（註）有言曰：『正確記述廣汎地域所普通實行之農業，非惟於德國爲至少，卽於其他各國，亦甚罕見。吾人曾被教以如次之諸多事實：卽關於當如何經營農業，固由專門家與非專門家從事指導農民也。雖然，其發見左列之事實：卽由自己主觀判斷，竭力勸導吾人必須如何變更農業經營之指導者自身，對於各地方之普通農業經營實際如何組成？且與其所在地之自然的與經濟的事實有若何之關係？幾全未具有徹底客觀的知識，乃吾人所屢屢經驗者也。』

（註）Dentsche Landwirtschaftliche Presse 1916, Nr. 6, S. 45.

對於農業地理學，現實甚少注意研究，其中尤爲顯著者，卽於農學之體系的分類上，無論何時，亦率置斯學於不顧。關於此點，吾人切望其改進。若事物之名稱，毫不虛僞表示其內容，則此改正，實必須首先實行。現今關於國內外農業之記載，自是頗多，而其中敍述之有不充分者，無待言，亦必數見不鮮。雖然，卽此亦可爲農業地理的關心相當擴大之佐證。似此，農業地理的考察方法，當可逐漸開拓矣。

如前所述，現在各國之農業地理學，猶處於至堪哀憐之狀態。例如足使知悉現在德國農業梗概之書籍，卽無一種。故於學問發達程度更低之其他各國，關於農業地理，期待其有適當之記載，自尤困難。是農業之地域的研究，實處於緊迫之秋。

惟僅以如上所述，農業地理學之問題，猶不能盡其一切也。此吾人非祇要求研究各個國家或諸多國家之農業，且更進而期望研究全世界之農業，卽世界農業地理學之建設。如植物地理學，有關於全世界之植物相及植物羣之全書，吾人於農業地理學，亦必須達到研究重要農業形態，經營組織，與農用地目等之廣涉全世界之分佈。

農業地理學，恐具有其他任何農學部門所未有——惟於特殊研究，則不若總括研究之甚。——之複雜性。信然！試觀其爲如何之參差並若何之錯綜複雜乎？卽於其有各種土著法之記述與說明，有關於鄉土的農民家屋建築之事實，有農場及圃場耕作分配之事項，有地理的地質的氣候的位置之說明，有佃耕特有之慣例與農業勞動者僱用上之慣例，有農產物之販路與交易上商情之事項，有普通之經營組織，耕作順序，植物品種，土地耕作法，耕耘用具，與作物之施肥整理等事實；

有關於家畜之地方的品種，育成，管理與販賣等事項；有農業之副業，及其與家庭工業之關係；他方，並有右列各事項之歷史的地理的成立之事；且更有其地方之用語或語言學的語源學的解說；此外，尚有其法律關係，地方習俗，國民文化發達之關係等等記述。由是以言，其實乃具有複雜多歧之構成之學問也。農業地理學，具有如生活形態之多歧的如繪畫姿態之複雜的彩色。其所常稱道者，爲農業之地域的特色，國民之特色，鄉土之特色，且又爲歷史方面，與人類學方面也。故農業地理學，乃農學之詩學。

中華民國二十七年三月初版

㊥(65351)

漢譯世界名著 農業哲學一冊

Philosophie der Landwirtschaftslehre

每冊實價國幣壹元伍角
外埠酌加運費匯費

原著者 Richard Krzymowski

北平西城屯絹胡同一四號
譯述者 曹貫一

校訂者 劉運籌

長沙南正街
發行人 王雲五

長沙南正街
印刷所 商務印書館

各埠
發行所 商務印書館